心理学经典译丛·法国精神分析

邓兰希　主编

SÉMINAIRE DE
PSYCHANALYSE D'ENFANTS 3

儿童精神分析讨论班（第3卷）

[法]弗朗索瓦兹·多尔多　著
Françoise Dolto

[法]冉－弗朗索瓦·德·索威尔扎克　编辑整理
Jean-François de Sauverzac

路亚娟　译

北京师范大学出版集团
BEIJING NORMAL UNIVERSITY PUBLISHING GROUP
北京师范大学出版社

目 录

引　言　弗朗索瓦兹·多尔多与尚-索威尔扎克的开场对话

尚-索威尔扎克：您在这本书中所介绍的案例——就像在您的讨论班和《无意识身体意象》中那样——经常是您在精神分析执业初期，也就是战时或战后不久的临床记录。这是出于什么原因呢？

弗朗索瓦兹·多尔多（以下简称多尔多）：也许在执业初期，我总是伺机观察着一切，而且绝不谈论正在治疗的案例。这是个重要的原则。每次晤谈都会留下非常完整的笔记，我独自工作，会誊写若干笔记，挑选出某些案例。

尚-索威尔扎克：大体上讲，对于这些治疗案例，您经常会说："就是这样。我只是做了分析，并不太清楚还发生了什么。"

多尔多：的确。并不是说把什么都记下来了，我就能了解无意识在治疗过程中是如何发挥作用的。我认为提到这一点非常重要，因为的确如此。人们经常以为精神分析家能够理解——特别是像我一样，由于治好了某些人而获得声誉的精神分析家。人们以为我了解一切，以为我都懂。但是，即便我开始了解什么，我也还算不上好的精神分析家。我只是帮到了一些人而已。

在分析工作中，我常对拉佛尔格（Laforge）说："您看起来总是那么开心，而我却搞不懂自己在这里做什么。"他就带着惯有的阿尔萨斯口音对我说："您懂的。您不用脑子去理解，这是好的！您用心去理解。"当时，我们在做自己的分析时并不能阅读与精神分析相关的书籍。所以，我没有读这方面的书，没用"脑子"来思考我所做的。我的论文《精神分析与儿童医学》（*Psychanalyse et Pédiatrie*）是对我在儿童身上获得的理解所做的整理，并不是我了解了什么。我只不过是借着自己过去个人的分析来了解他们。精神分析所传递的工作十分奇妙：它不是借由"脑子"完成的。正因如此，我为正在做个人分析和被寻求帮助的精神分析家提供了一些临床案例。通过案例，人们能以他们对当下分析的理解来工作。我认为没有实例的理论是没用的，没有理论的实例反倒有些用处。当然，最好是两者兼具。

尚-索威尔扎克：我想换个方式来提问。我想到那个满口脏话的孩子的案例，您说在治疗初期他看起来十分驽钝，同时指出自己完全不理解这个案例的治疗过程。当这个孩子为了完成一个不寻常的哀悼仪式而躺到躺椅上时，您十分错愕。然而，在一连串晤谈中，有些事情促使我们假设，是您对孩子的倾听这个象征性的"行为"让一切变得可能。

多尔多：的确。自在无拘的表达当然是他原本就有的状态。这是一个个人精神分析的结果，是有教导性的。孩子知道这是我的信念。成年人会比孩子更抗拒（résistance）。成年人也知道——他的无意识知道——只不过他们有抵抗。如果让孩子进入一个他可以随心所欲地表达自己的状态，告诉他可以用话语的方式来表达，让他明白可以随意拿自己想要的东西但是不可以捣乱，他就会开始很像样地来"做"点什么：这个开始——不会花多少时间——用不一样的方式来表达他的欲望。当这个过程启动时，治疗就会起作用，因为精神分析的方法是"可行"的。

尚-索威尔扎克：您在这里说的，让我想起先前那个压抑"坏女人"这个字眼的孩子。他画了些花环，而您坚持要他找回被压抑的东西，以及和这个图案联系在一起的每个人的姓名。结果，这个被压抑的字眼就出现了。

多尔多：我依据的是弗洛伊德的实践理论。他说过，如果我们卸下阻抗，就没有不能被重现的记忆。这就是为什么当这个孩子对我有了基于移情的信任时，我对他说："当然能做到。你知道是可以的，只是你并不想让记忆重现。"然后他就想起来了。

我们可以适当应用一些前辈们所说的理论规则。

尚-索威尔扎克：关于诠释（l'interprétation），有人问您如何区别僭越（intrusion）与干预（intervention）时，您的回答是，只有在精神分析家本身认可自己所说的话时诠释才会产生效果。或者说，这个信念在诠释中得到传递，并以此为依据，而并非仅限于来自弗洛伊德或其他精神分析家。您在《魁北克对话录》（《Dialogues Québécois》）中提到一个轻生的自闭女孩付给您九个月象征性的费用。您为她做了诠释，并对她说如果她愿意就这么死去，您不会阻止；但如果她想要和您晤谈，就必须为此付费。另一位治疗师也许会进行同样的诠释，只不过不敢把它说出来，而您却直言不讳。

多尔多：是的，我的确敢把它说出来。如果我们知道无意识里没有负面的东西，如果我们有了这个信念，我们就可以进行诠释。就像在这个案例中，当我们说到一个孩子似乎如此负面时，如果这确实是他无意识的欲望，那这个负面的东西是和他无意识的动力连接在一起的。一个人若想死，他想的是"这个身体的死"，作为主体的他其实是不想死的。

死的欲望对意识而言似乎是负面的，然而对于无意识却不是如此：它是一个欲望。无论是生的欲望还是死的欲望，它们对无意识而言都是没有意义的。其意义是相对于意识而言的。无意识里没有所谓"负面"的欲望，只有欲望，也就是主体与自身之间的联结被理解的欲望。身为精神分析家，我看到了这个欲望的主体，并对她说："如果你想死，为什么不可以？你有想死的权利。但是我要对你说的是，我了解对你而言，有身体是件痛苦的事。如果死了，这个身体就能离你而去，我可以理解。"也就是说，从我了解也认同她的欲望这一刻开始，因为有人聆听并认同她身为主体的存在，她反倒不那么想死了。这个小小的身躯是如此需要母亲的呵护，以至于我们忘了她的身体也是主体。

弗洛伊德说过：无意识没有所谓"负面"。它要么充满动力，要么就什么都没有。当本我封闭时，目光注视就不复存在。事实上，当我们对一个孩子说话时——就像这个孤独症儿童，看到她之前暗沉、毫无生气的眼眸突然发亮，这真是太奇妙了。即使是视障儿童，他心里有些东西也会熠熠发光。我不知道那具体是什么，但是交流的确形成了。眼神的表达就是最明显的变化。我们在有些角弓反张的孩子身上看到，他们的身体向后反折。这意味着孩子为了出生，以这种方式让子宫收缩。对于胎儿来说，如果这种情况持续过久，就会产生负面现象，因为胎儿会缺氧窒息。可以说，正是缺氧让孩子把头向后仰，以角弓反张的方式出生。这样能使子宫动起来，进而让自己从中脱身。由于缺氧而出生，这真是太神奇了。出生是为了逃离死亡的威胁。母亲的血液中氧气不足，促使胎儿诞生：角弓反张使子宫膨胀收缩，推动胎儿脱离。在这一脱离过程中，他留下了一半的自己——胎盘，来到了一个完全未知的世界。这是最初的阉割。这时他只能感知到听觉（如果孩子听得到）以及他所熟悉的母亲的心跳——出生让他失去了对自己心跳的感知。奇怪的是，我们总会在感情激烈或发高烧时找回这个胎音：最接近在子宫里听到的心跳。孩子就这么失去了子宫这个他曾待过的狭窄空间，以及与脐带静脉相连接的胎儿的心律。如果他没有听觉障碍，他会记得这个声音。在空气中，他会发觉母亲呼吸的气味。也许出生就是死亡，一个他之前就感受过的死亡。

尚-索威尔扎克：这说明相较于其他精神分析家，您更偏向于认定无意识是主要动力的基础？

多尔多：是的，或者更偏向动力性。我认为，本我是动力学的；但如果主体在动物哺育界中不愿体现人类所被应许的话语，本我便不存在。这十分奇妙。

尚-索威尔扎克：说到"被应许的话语"，我们可以相对地提到弗洛伊德以来，动物在精神分析中所扮演的角色。他养过的那几只宠物在他生命中占有很重要的位置。我所能想到的有狗、狼……

多尔多：还有猫。①

尚-索威尔扎克：您也介绍了许多精神病或神经症的临床案例。我们发现对孩子来说，动物就像缓冲器。同样，对精神分析本身而言，它们也像一种共同的延伸。

多尔多：是的。精神分析在这层意义上发现动物是人类情感的中介。我的孙子两岁半时给我写了第一封信。因为他还不会写字，所以就用口述的方式请一个七岁女孩写了这封信。有趣的是，他在那样的年龄对祖母叙述了一只小鸟的葬礼。当时家里有

①　可参见《儿童精神分析讨论班》第 2 卷。

个刚出生的妹妹，妹妹自然是没有"小鸟"的。孩子把自己发现的一只死去的小鸟交给朋友的父亲，那位父亲说："我们把它埋了吧。"孩子想在上面签个名。他想了一个假想的名字，喊着说："我写了'蛇'。"于是，那位父亲就写下了"蛇"。也许对他来说，有个鸟—蛇的联想。这个联想或许源于"羽毛"，而他隐约听人说过羽蛇神①。这实在令人玩味。

　　人类需要用这些生动的符号来传达生理欲望，需要通过竖立的枝干来表现欲望——蛇不停地蠕动，就像消化道一样。这些生动的符号传达了他们内在的感受，他们对其有所认同。除此之外，没有其他办法可以抓住这些身体的感觉和心灵的感受。人们可以表达、探索非常深刻的感觉，但同时也深受其苦。这是原初的心理素材，也可以说是活生生的生命本质：孩子对一只死去的鸟写下的其实是"活着"。这也是孩子内在生命的自恋感受。动物对人类来说非常重要，这不正是因为孩子在和它们接触时也触动了生命吗？这些动物和父母同样在情感上是联系在一起的。

　　植物也非常重要。它们会带给婴儿最初的喜悦。如果我们想看到一个不怎么对大人笑的婴儿的笑容，只需在他眼前晃动某种植物，晃动一根香蕉、一根草，或者带着叶子的树枝。这样我们便会看到天使的笑容。微风摇曳着枝叶，透过枝叶看到

① 羽蛇神的形象通常是一条长满羽毛的蛇。在中美洲传说中，羽蛇主宰着晨星，发明了书籍、历法，给人类带来了玉米。羽蛇还代表着死亡和重生，是祭司的守护神。——译者注

蓝天时，孩子会心生喜悦。如果是在室内，只需对着他如轻风般摇晃植物。对人类而言，没有植物就没有生命。

水对孩子也有着奇特的吸引力。不仅可以把手放进水里，还可以将水洒出去。或许这并不像弗洛伊德所说的无意识，但我们可以将它追溯到比力比多本身的无意识更早的无意识。我们所处的生命星球，宇宙万物，包括全人类，大人和小孩都在其中。我们借由身体的交错感知生存的喜乐，也借由身体来拥有感受当下的自在。

尚-索威尔扎克：说到运动与活力，我联想到您提过，有些小孩总觊觎其他小孩手上的东西，认为别人的东西是活的。一旦拿到自己手中，他们就会失望，因为东西到了他们手上就像死了一样。

多尔多：因为这些有活力的东西从他们的期待中溜掉了。

尚-索威尔扎克：在临床经验上，您曾提出这样的问题。用您的话来说，是关于"精神分析对于儿童命运的冲击"的。您为何用"命运"这样的字眼呢？

多尔多：对精神分析家来说，"命运"一词不仅触及主体的移情和想象，也触及主体生命的经历。它唤起主体生命的未知，那也是精神分析家所不知道的部分。这完全是个怎么活和怎么过的课题。

身为精神分析家，我和大家一样并不知道命运为何物。我从某些案例中知道了一些故事，但是，一个主体的生命经历与他的未知是联结在一起的。精神分析可以用理论解释孩子（或是成年人）和精神分析家相遇之影响，以及他们在彼此的无意识中引起的共鸣。但是，这也给患者的未来埋下了伏笔。精神分析这门新的科学还是无法清楚地了解这样的不期而遇在时间长河中所产生的影响。正因如此，我记录了自己的临床实践。不要因为不理解而保持沉默。或许通过记录，下一代会比我们有更多的了解。

"命运"这个词明确解释了一些难以被勾画的概念。也只不过在两个世代之间，有人记录了一些分析，以此来审视精神分析的影响。想到这点，实在令人汗颜。

至于说记录的必要性，许多人声称"分析没有十足的科学性"。然而，人类科学是永远无法达到完善的。精神分析的科学性在于对记录的归纳整理——用观察的对照来验证或撤除其可信度，特别是在移情的领会下。我想说的是：知性的移情是细腻而精练的。

尚-索威尔扎克：您在此所说的承接了您所坚持的欲望主体的观点：以主体为前提，或者说，一个人早已在那里选择了身体，也选择了父母。

多尔多：正是如此。一部分未知的欲望是精神分析家无法掌控的。

死亡驱力。我们要问的是：死亡驱力如何使主体的欲望在日积月累的生命中持续着，也就是说，如何使这个欲望不停地翻新。

当一个人出现强迫性症状时，我们可以说他的欲望处在被禁止的压力之下。这些有争议的强迫性症状总是伴随着一些问题：这个纠缠不休、摆脱不掉的客体是什么？强迫症所涉及的身体感官有哪些？其"中介"是什么？是念头、可触摸的形体，还是某种行为模式？总会有某个因素接受分析。总之，强迫症是对欲望的抵抗，这个欲望是和超我的禁令相对抗的欲望。也正是因为这些强迫性症状，人们得以好好过社会化的生活。在我们的社会中，每个人都或多或少带有强迫性。守时不就是一个例子吗？每个人都在和时间纠缠。

症状是怎么开始的呢？都是单一的吗？还是说，有时是为了适应机制，一个对抗自身欲望的防御机制——因为一旦涉及欲望，人们就与现实脱节了？我们如何避开和自我理想（ideal du moi）之间的矛盾？还好，大家都把这些强迫性症状当成正常的现象，认为自己很健康。当在同一种状况下被捆绑时，我们会带着同理心来看待某种自然现象。

即便如此，我们还是没办法抽象地来谈论强迫性症状。

参与者：我想谈谈一个总是扯自己头发的八岁女孩。

多尔多：这明显偏向强制性的形态。她有表达上的困难吗？

参与者：很难判断。她不说话。

多尔多：这个女孩一定有故事，但不能从扯头发这件事上来建构她的故事。也许，扯头发是当她不知道怎么办时唯一会做的事。

参与者：直到有一天，妈妈把她的手绑起来了。

多尔多：开始时，这些动作都是象征性的。在这例个案里，母亲把她的手绑起来了。

我治疗过一些扯头发的孩子。在移情的作用下，他们也试着扯我的头发。幸好，我运气不错，头发长得很扎实。我想起了另外一个表达方式很特别的孩子。这个孩子长久以来都不说话。现在，她不再拉扯我的头发了，仅仅是在快结束时轻轻地拨弄，在我的辫子上插一朵小花。也许是因为在她很小的时候，为了看起来可爱些，妈妈常给她编辫子。

最近，这个总是不开口的小女孩终于说话了。这是怎么一回事呢？

有个十四岁的男孩依照预约时间来到了诊疗室。晤谈时，这个小女孩也进入了诊疗室，硬要坐在他旁边。男孩显得很不自在。我就问他："克罗德（Claude）在这儿让你觉得不自在吗？"他回答："是的。我宁愿她不在这儿。""你认识她吗？""不认识。我从来没有见过她。"他怀疑自己搞错了预约时间。我说："克罗德，你这样会打扰到皮耶（Pierre）。他挺喜欢你的，只不过对你还不太熟悉，所以不太想要你在这儿。乖，待会儿再过来。等轮到你的时候，也不会有其他人来的。"她马上就站了起来，出去时对门口的亚尔雷特（Arlette）太太说："我不会再来了。"在这之前，她从没说过话！

上一次晤谈时，她父亲在场。这个不说话的小女孩捏了些胶泥形象，于是我试探性地提出一个假设。后来她父亲开始说他曾经把一颗蛋摔在地上，简直无法收拾。其实他说的是一桩小产事件。过了一会儿，我对孩子谈到她小时候和谵妄的母亲在一起的事——母亲会在孩子面前谵妄发作。父母不再彼此倾听，相互了解，这是可怕的事情。母亲胡言乱语，说她和女儿在疗养院时，小女孩曾被强暴。这个女人一直处在谵妄的状态中。随后，我们理解了为什么丈夫无法满足她。他十分不自在地对我们说了这些事情。

我对小女孩说："你还记得妈妈对你说过的话吗？（她丈夫不再和她做爱了。）当然，这对你来说非常难以置信，因为你爸爸刚才说了，在你两个月大的时候，有个婴儿想来到这个世界。在有人帮忙的情况下，你的爸爸妈妈阻止了这个婴儿的出生。后来又有另一个（这孩子被生了下来）。你害怕脆弱的妈妈会疯掉（这位母亲的确疯了），也担心和她分开。"孩子对我说："不是这样的！"（就是这样！）

当我对小女孩捏的胶泥形象提出假设时，她的父亲是抗拒的，拒绝说出他的想法。在接下来的几个月中，他不想和我有任何接触。他只是送孩子过来。女孩不要父亲和我说话，她父亲自己也不想。我想这是最好的状态。

我只是从资料上知道这个孩子经历过严重的事件，却忽略了她捏给我看的胶泥。问题也许正源于这个摔破蛋的故事。她父亲从这个点上接着又说了很多。他十分自责，同时指责我："那么，您是赞同的？这很可耻。我非常内疚，活该有罪恶感。""很好！先生，那您就继续背负这一罪恶感吧！"他以为我是赞成堕胎的。

我不认为我们对患精神病的孩子有什么治疗之道，除非父母也来和他做同样的治疗。况且，孩子一旦开始他的俄狄浦斯时期，就不再"需要"父母了，即使他仍然需要被保护。

幸运的是，孩子在分析中能领会的事物比我们想象的还要多，他们也因此而痊愈。不明白原因的是我们。孩子在移情中重新经历了过去混乱的情绪。幸亏如此，这些情绪才得以消解。在面对许多让我们感到无力的个案时，我们往往能惊讶地看到孩子的痊愈。

绝对不可以在孩子面前宣称你的判断如何如何，只能在一些假设性的提问中提供诠释："你也许是在用这样的方式对我说，你几岁时发生了什么样的事情？"这就好多了，因为他会感觉到我们在很用心地跟随他，不管他做什么，我们都会寻求一个理由——一个在过去关系的移情中所残留的理由。

我相信，身为精神分析师的我们能够从聆听中了解孩子所有的行为都在对我们呈示其问题所在，即使我们并不是很清楚。我们在那里用心观察时，总会有出其不意的收获。

这个孩子的强迫性症状背后隐藏着什么呢？它隐藏着一个无法碰触的生殖—性阶段的真实问题，这在早期曾冲击她与母亲的关系。由于父母之间的关系充满暴力（肢体的伤害），结果母亲住进了精神病院。

孩子来到图索医院时只会发出喃喃的声音。难道就只是这些吗？这是因为在生殖—性阶段的自恋形成之前，主体的力比多没办法找到出口。这就是她的强迫性症状所彰示的。

最好是把精力好好地用在肌肉上，用在横纹肌，比如说肛门上。她本应好好地使用它们，现在却把它们用于重复性症状。我们利用肌肉排便，但不能一天到晚都在大便；所以我们开始捣乱，做一些没有意义的事，这些都基于消耗精力的需要。在这例个案中，也许由于女孩的行为模式并没有概念形成的过程，所以怎么说呢，她所有的行为活动在强迫性上都没有区分：拉扯所有人的头发、闲晃、尖叫。事实上，这个患精神病的小女孩有很严重的强迫症。强迫性症状浮现时会产生智力障碍。依我之见，学校学习上的智力障碍是被动的强迫性症状。

当我们说到"强迫性症状"时，通常指的是我们所能看到的。但有些强迫性症状恰好是分离的，只在缺乏口欲及肛欲的创造力升华时才会显示出来。这使得强迫症没有那么明显，而是以一种愚蠢和迟缓被动的形态在重复中显现出来。有些强迫性症状是撤销型的。它可以是张力的解除，像是排便的需要，因为强迫性症状是一种肛门形态的症状。它的表现或许是活跃的，或许是迟钝的。

对精神病患者而言，这个撤销的动力作用于身体的意象，或者说，作用于部分身体的意象；对其他人来说，则是某些客体或物质与身体的某个部位接触时所产生的动力；更有甚者，是在幻觉上对性欲特殊喜好的想象力——就像所有的喜好都是为欲望而设的。然而，又是什么让人觉得反感呢？有恶臭气味的强迫性，或强迫性的看，有形态的人体医学解剖的幻想。这些在开始时也只不过是幻觉，然而，这些重复的幻觉会像银幕画面般无休止地纠缠。

在这一点上，我有完全不同于一般精神科医生的看法：那便是强迫性症状。在主体普遍的实用性上，它是如何呈现的呢？这是从哪个时期开始，又是在发生了哪些事件后才出现症状的呢？这些是精神分析家的疑问。它们常与无法被接受的死亡有关，像是消逝的童年或牙齿的脱落。

例如，有些孩子在换鞋这件事上有强迫性症状，拒绝穿新鞋。这是比较典型的例子，通常由儿科医生来处理。

然而，如同欲望一般，总是要有新鲜的事物，所以对强迫症来说，症状也会有所变动。我们不说强迫性症状，而是说有障碍的和"适应不良"的孩子。如果我们夸大并污名化或谴责这类行为，这些障碍就会变成强迫症。

开始的时候，不同性别的孩子在自恋发展的面向上有所不同。由于性别不同，孩子会否认这个往俄狄浦斯发展期转变的欲望。在分析时，我们总会看到这个现象。我也希望你们说，我所阐述的或许是强迫性的限制。总之，目前我们在临床实践中了解到，强迫性症状的产生总是为了逃避俄狄浦斯期的发展，或是主体在俄狄浦斯期发展的结构上停滞不前，从而不停重复。

　　紧黏着母亲不也是一个强迫性症状吗？我认为一个依附母亲的孩子是没办法成长的。这是俄狄浦斯期结构组成之一的强迫性症状——同性恋或自恋——包括成为母亲部分客体的需要，而不是在被阉割的同时成为自己完全的客体。这并不取决于阳具在谁的身上，而是要在阉割的同时认识到身体的意象。如果身边缺少可以作为内在规范的权威，引导其生殖—性阶段的发展——对于女孩而言是接收性的，对于男孩而言是发射性的，孩子就会陷入强迫性症状："我就是离不开妈妈。"你们都常看到一些四岁到七岁的孩子，即使他们能自主，却也总是要在母亲允许后才去大小便。这是日常的强迫性症状。

　　需要探讨的并不是孩子的行为模式，而是出现在话语里的三角关系，以及孩子主要认同的角色在这个关系中的位置。要看这个第三者是否能够帮助孩子跨越前生殖期的状态，并依据他的性别投注在身体部分客体的生殖欲望上，通过文化教育对其生殖形态关系进行行为转移。

　　你们明白了吗？一切都要从三角关系结构出发进行重组。你们看到了所有三角关系结构上的重新改组。不能只是就一个简单的行为模式观察来谈论强迫性症状，也要考虑主体在俄狄浦斯阉割形成前的成长经历。当出现生殖—性的冲动时，我们应该怎么办呢？如果是女孩，母亲不愿意女儿模仿其他人，她必须认同、模仿妈妈和爸爸结婚。如果是男孩，母亲则希望他只喜欢妈妈。

例如，男孩进入生殖—性冲动状态，在潜伏期会出现强迫性症状。这就是为什么分析总是需要考虑整体的行为，特别是从症状开始的时刻。如果发生在孩子能够自己上厕所之后，一般来说就来到了潜伏的阶段。如果发生在家庭破碎的非常时期，如父母分离、双亲之一死亡，或者父母其中的一方由于自己父亲或母亲的去世而产生退行，孩子会因为支持自己理想自我的人突然退行而失去对阉割的支撑。这时，他除了让自己跌入强迫性症状以外别无他法。

我在这里说了一堆，不知道你们懂没懂。

参与者：您可以多说些与自恋和进入生殖期相关的问题吗？

多尔多：就临床来看，孩子的自理意味着尽可能让他自己处理生活所需（如穿衣、吃饭、上厕所），不需要别人帮忙，能自己准时起床去上学。要尽可能让他自己来——就如同母亲那样照顾自己。伦理教育也要对应孩子的年龄，孩子总是伺机等待着认同他周遭环境的成人。就像我刚才所说的，孩子在原初自恋的基础上喜欢自己，这有益于他的健康。

参与者：那么，您在这里所说的"自恋"，指的是让孩子成为自己的母亲吗？

多尔多："自恋"是指让他成为自己的母亲，懂得照顾自己；当和同龄人在一起时，他举止合宜。尽管有时他在家里不听话，令人恼火，但一旦到了学校，他就是他自己。他和其他人一样，都不会刻意引人注意。也许他还没进入俄狄浦斯阶段，但是由于能自理，不论何时、何地都可以照顾好自己，有安全感，所以他会被同年级的孩子接纳。到了晚上就不一定了。当然，他还是会害怕，可终究有大人、小孩陪在他身边。

自恋让他与同年级的孩子相处时没有威胁感。他已经成熟到可以在这个三角关系的情境中发展出明确的生殖—性，也就是知道自己是哪个性别。既然他能自理，他就能将自己的过去内化在生命里。童年的记忆有时候并不是原先的样子，就像在原有的屏忆（souvenirs-écrans）①中添加了一些编造的幻想。他有了一个过去，并对此深信不疑。在自恋的当下，因为能够自理，有独立的行为能力，所以他并不缺乏安全感。

那他缺的是什么呢？也就是在三角关系的生殖召唤中——在异性的刺激下，男孩的主动冲动和女孩的被动冲动。在对这些冲动进行教化时，我们找到了一种回应的模式。这正是学校老师带给他的社会生活。

在家里，他则会陷入一个俄狄浦斯期的困境。他处在与同性的竞争状态中，并且认同后者，希望孕育出肉体的果实，也就是说，希望与伴侣生一些宝宝（即使没有其他孩子，他自己也曾经是婴儿）。正是在这个时候，孩子会想要一个弟弟或妹妹。这意味着，在生殖—性发展的自恋形成之前，他们对乱伦角色的回应感到非常害怕。

---

① 屏忆指兼具异常鲜明性、内容无重要性等特征的儿童期记忆。其分析导向一些显著的儿童期经验与无意识幻想。和症状一样，屏忆也源自抑制元素与防御之间的妥协。

参与者：您在这里是不是只谈到了健康的自恋，参照的只是渐进式的伦理自恋？

多尔多：孩子身上总存在着渐进式的伦理。

参与者：但也有作为母亲部分客体的孩子的自恋。

多尔多：是的。事实上，精神分析家只会谈到父母对孩子所抱持的欲望，好像孩子自己没有欲望似的。这是完全错误的！的确在一些案例里，孩子似乎多多少少因陷入大人对他所投射的欲望而成了部分客体。然而，他不是部分客体！他是有所感受的，是有"观点"的——如果我们能用这个字眼的话。他的生命因父母而有了色彩，但他始终有一个烙在其身体图式中的发展的欲望，即使父母只允许孩子的身体意象依托着和他们的关系来建构。我可以把脑袋放在砧板上来担保。

参与者：放在砧板上！

多尔多：放到"（砧板）下面"比较保险。在这例个案中，孩子只能成为父母欲望的影子和载体，或是吸收这一欲望的海绵。他们受到父母欲望的"暗示"，不可思议地活着。人的身体图式是与生俱来的。他有生存需求，也有无可避免的生殖—性需求，但他身体的运动机能还没办法表达出这些欲望。这在三岁半、四岁以前是没办法的。

这就导致了暴露行为。所有孩子都会在运动机能发达后展示他们的性器官。即便他们单独被抚养，也一定会这么做，因为从婴幼儿时期开始，这便是需要的一部分。对照自己的身体和别人的身体成为孩子非常感兴趣的事，因为运动机能的驱力是为孩子生殖—性驱力的表达所准备的。

以至于在所有的需要里，总是得引起象征性的注意，也就是主体的欲望。一直都是如此。

然而，父母在这种情况下做了什么呢？他们采取了一种夸张的制止反应，以及或多或少的虚掩。这使孩子在进入话语期，也就是口欲阉割期时，只能往神经症的方向发展，因为他所说的话语压制着自己的欲望，而那些欲望依旧存在。我说的并不是像磁带发出的刺耳声，那不是他们的声音："啪啪啪……嗒嗒嗒……"他们不用自己的声音说话，只是重复着听到的话语。孩子重复这些他人的话语，也只是为了表示"妈妈—和—我"。他们正将母亲内摄到自己身上。但是，他们的欲望和母亲所说的欲望是两回事。孩子在成长的过程中有自己的欲望，而不是仅仅有父母的欲望。

当欲望被驱力升华嵌入时，当一些想要表达或想要隐藏的理性话语被嵌入时——因为谎言是最真实的话语——孩子的自恋方得以建构。有聪明的心智去隐藏欲望，这证明了一种非常重要的进化。说谎的孩子比不说谎的孩子有更多的发展。前者会让话语服务于自己的欲望：他要么将这些欲望隐藏起来，要么以话语为中介来实现这些欲望。其行为在于将这些欲望和他人的行为结合起来，并与他人保持融洽的关系。

参与者：如何依据这个来定位原初自恋？

多尔多：一方面，我们一直处在我称之为"基准自恋"（narcissisme fondamental）的状态中，它通过我们自身生理节律的平衡表现出来。另一方面，在原初自恋状态中，我们可以独立照料自己，在不同的年龄阶段有不同的行为处事方式。这一原初自恋经由欲望的孕育，让孩子以正常的形式进入俄狄浦斯期：与自己的性别吻合的欲望。一旦进入俄狄浦斯期，欲望就会交互辩证。三角关系中的女性元素增加了男孩的性别价值，因为男孩与父亲竞争，女孩则与母亲竞争。这一竞争永远得不到令人满意的结果。在这种情况下，孩子会尽快进入俄狄浦斯期，他会通过言语或模仿来表达自己的欲望，在异性成人未察觉时找到快感——假设大人什么也没瞧见。我们知道，有些父亲对孩子的自慰视而不见。这样做是对的。不应该说出来。没错！父亲在忙着别的事情，他没有看到；孩子的小把戏不算什么！就是这么回事。现今，根据精神分析，我们了解到其中的弊病：在这类情形下，有些年轻的治疗师认为父母应该以平常心来看待。当得知孩子自慰时，我们没必要对未察觉的父母提起这件事。我们可以和孩子讨论这件事。他们在无声无息中，就像动物似的满足身体的欲望，开始了自己性的关系。正是为了避免竞争，他将自己变成父亲或母亲的宠物。教育则会使孩子和同龄人处在同一个层面上。

参与者：次要自恋是处于俄狄浦斯期三角关系中的孩子在接受自己的性别时建构的吗？

多尔多：比这复杂。次要自恋是解决俄狄浦斯情结冲突的结果。这是阉割后的自恋。次要自恋在生命中不是一成不变的。我们可以说它是自恋，但却不仅于此，因为除了与父母的关系之外，孩子还必须在别处另有成果。然而，很多父母都在让孩子辛苦地承受着口欲及肛欲的升华。和父母谈话——一个口欲的升华——是非常困难的，特别是在青春期。对幼儿而言，和父母说话既是在学说话，也是情欲关系的表现。要不就是我们经常看到的，这个关系在俄狄浦斯期没有完全去色情化。为什么？因为父母想要孩子和他们说话。如果不勉强孩子，孩子是会和他们说话的。如果孩子和他们说话，他们就开心；不和他们说话，他们就无精打采，这其实是乱伦的持续。父母需要孩子因他们的话语而喜悦，反之亦然（孩子需要同样的互动）。精神分析家应该去了解其中的混乱。这些我们以为有性格障碍的孩子会在家里捣乱，但一旦进入一个团体或另一个家庭，举止就会变得正常。原因是那里没有乱伦的威胁。有些父母常宣称："孩子在家时都不吭声，一到外头，说得可欢了！"这是因为孩子在家时，感觉到了父母想要让孩子对他们说知心话的情感氛围。孩子感觉到话语中有一股强迫的欲望。这并不是说父母很病态，只不过对他们而言，孩子如果说话，生活会有趣得多。他们并不是想把孩子带到自己床上。不是这样的，只是在话语的情境中，孩子没有被阉割。这是因为在俄狄浦斯期的三角关系中，父母一方所说的话语和孩子的话语进行对照，总是有更多的价值。在这儿，我们能看到俄狄浦斯期的次要自恋是如何保护孩子的。孩子需要借着次要自恋来防御乱伦：在这种情况下，他以沉默自持。那么，他能怎么做呢？很抱歉，我必须采用这个形容词——"呆头呆脑的"。就是说，他对父母摆出"没有表情的脸"。他毫无表情地面对父母，而不是表情生动——这本身就已经是话语。而当父母转身，他就会开始挤眉弄眼。当父母凝视他的脸时，对他而言存在某种乱伦的危险。我们姑且认为这是个被动的强迫性症状。这是有可能的。无论如何，孩子会从旁侧，在没有生殖血缘关系的其他地方寻求成就感，并且以此保护自己。在别的地方，也还是有生殖—性关系的。例如，小男孩为了讨好母亲，会把头发梳得很光洁；小女孩则可能试图吸引父亲。这时孩子也在抗拒着，既不想通过自己的外貌和话语，也不想通过顺服引起父母的关注。

参与者：这是不是因为父亲没有建立他的法则？

多尔多：当我们说必须建立父亲的法则时，指的不是他自己的规则，因为这只有在家里才行得通。我这里所说的是一个在文化和天性上，能带领儿女通向生殖—性成熟的法则。

以精神分析的名义来看，这些父亲在家里似乎成了希特勒，但这并非他们的本性。这些可怜的男人得勉强自己撑住这个角色。或者为了不吓着孩子，任由孩子摆臭脸。事实上，这些父母忘了精神分析家唯一能帮他们的是，劝说他们不要在这类问题上太担心。"请问你们夫妻之间是否有足够的独处时间，而不是总被孩子缠着？"是不是即使不和伴侣在一起，也有自己的社交生活呢？你们明白了吗？我们可以这样来引导这些父母和孩子，这就已经是很大的帮助了！我曾为一些正值前潜伏期和潜伏期的孩子做心理治疗，他们只需要三四次晤谈。有时候晤谈五六次也就可以告一段落。不过，我并不太明白其间到底发生了什么。我并不知道更多的事情。也不知怎么回事，冲突总会在某个时候——肛欲期阉割在潜意识中以梦的形式被接受时——缓和下来。或者是我先前和孩子的父母谈过他们的生殖—性生活，以及他们如何被孩子在俄狄浦斯期的任性态度搞得束手无策。

否则，孩子会在俄狄浦斯期产生需要治疗介入的危机。必须给他一个阉割，并且反对父亲的体罚。体罚常被误认为是阉割，但它只是为了不再看到孩子的障碍。或者父母直接把孩子放到别处，眼不见为净。父亲说："我不允许有人在我的屋檐下如此任性。既然你想这样的话，那就去上寄宿学校吧。"这样一来，孩子会怎么想呢？"是妈妈允许爸爸对我这么做的。因为他们不需要和我有三人世界。我不属于这个三人世界。"总之，在这个所谓"三人世界"中，父母可以在不排除第三者的情况下配对。正是这些治愈了孩子，否则，他们会患上"神经症"——我们所制造的名词，进入漫长的俄狄浦斯危机期。

我可以肯定地说，这种俄狄浦斯危机有转向精神病的趋势！你们看到过一些极度兴奋、不停说话、八天不睡觉的孩子，他们简直完全发狂了。所有医生都说："应该把他关进精神病院。"然而，我们可以寻到最初引发这一切的小事故，仔细研究这是怎么开始的，以及周遭的人为何对此感到焦虑，而不是去支持这个男孩。比如说，同性间对父亲的偏爱能使他摆脱悲伤，或者必须放弃介入父母的两性关系。相对于母亲为了照顾孩子放弃工作，或是父亲认为"因为孩子没有足够的空间，所以需要搬家"，如果父亲决定"将孩子交给我的母亲照顾"，这下可好了：祖母会因为这个孩子，找回从前支配自己孩子的态度。孩子搞不清楚他是不是父亲的兄弟，因为我们把他交给了父亲的母亲。由于被交给了祖母，孩子退行到了上一代。

在治疗中，知道孩子从什么时候开始被同龄人接纳，什么时候有了这些有时看起来十分严重的症状，是非常重要的。一旦找到了这些无法表达的冲动张力，我们就能很清楚地知道问题其实并不严重。但之前每个人都被耍得团团转，包括 CMPP^① 的心理治疗师。

参与者：您认为是 CMPP 这个机构出了问题吗？

多尔多：我觉得不可思议的是，自从 DDASS^② 创办以来，CMPP 每回都需要六次晤谈来了解孩子。对于这些潜伏期的案例，其实隔月进行三四次晤谈就足够了。这是个还没开始的潜伏期。孩子没办法在学业上有所进步。他的发育还算正常，身体图式发展符合年龄，也能与其他孩子建立关系。但是突然，一到学校他就什么也不想做了。他没办法升华自己的驱力，比起适应学校要求，他还有很多地方让父母焦虑。

此外，现在不再流行智力测验了。这在从前是非常有用

---

① 法国医学心理教育中心。——译者注
② 法国国家社会公共卫生组织。——译者注

的：在正式接触孩子之前，先做智力测验是可以解释一些现象的。当然，不能将智力测验视为唯一的准则，但它可以是一个指标。一个人的智商并不一定会影响其理解力。即使孩子有强迫症，他在日常生活中的应对上也会表现良好。所以可以确定，他不需要长期的治疗，只需要口欲期及肛欲期以后的心理治疗。在口欲期被阉割之后，我们可以谈谈孩子的性别，问问他在班上有哪些成功的恋爱插曲。这些提问都能帮孩子走向社会生活。

我们可以对父母说："你们已经对女儿解释清楚了吗？她不会是父亲的妻子，也不会成为自己兄弟的妻子。所有这些和'性'有关的事情都不能和家里人做。"父母听到了，孩子也是。我们接着可以对孩子说："重要的是，你有喜欢的对象了吗？"她惶恐地看着母亲。"你不一定要告诉母亲，你是否有喜欢的对象和别人没有关系。"

从这个时刻起，力比多不会再停留于肛欲期了，孩子的肛欲冲动可以顺其自然地朝向生殖—性面向发展。孩子原先并不知道，那其实是他的权利。并不需要给他们上分娩或性方面的课程，简言之，不需要进行性教育。应该以另一种方式进行：通过言语以及情感交流。

为了让孩子离开这一三角关系，需要三角关系中的两个轴心面向未来，好好过伴侣的生活。必须把三角关系的重心放在作为客体的文化上，而不是作为客体的孩子上。当夫妻在三角关系中缺乏以文化为客体时，孩子自然必须留在父母之间。

见精神分析家对孩子是有帮助的。因为精神分析家会暂时成为第三人。当借由这个第三人来面对父母时，孩子就会有自己的空间。这只需要一两个月的时间。

然而在CMPP，你们要用六次晤谈做前期接待、规划，然后才安排心理治疗。孩子必须在移情中与精神分析家——无论男女——互动，但为什么是和这个人呢？这是他的选择吗？况且精神分析家也不再和父母接触。总之，我们并不知道自己在做什么。

儿童精神分析主要是为了了解孩子在从七岁到青少年这个时期的变动及其危机。

参与者：青春期的问题会有所不同吗？

多尔多：显然，青春期的孩子会和他人谈论一些事情，而这些人不会是他的父母。我指的是那些度过了潜伏期的青少年。他们会陷入爱和友情的混淆。也就是说，他们还不能在没有身体接触的知性状况下去爱。他们不懂得身体之间的接触并不是必需的。而在我们所处的这个时代，女孩特别容易被唆使，以为所有的爱都必须表现在"和某人睡觉"上。否则，她会觉得自己愚蠢。我认为，我们的角色是提醒女孩对这些事情进行反思。男孩可以随便找来桌子或山羊磨蹭。当然，他会让女孩胡思乱想，因为对他来说，"和女孩上床总是更好些"。但对女孩，就她的生殖器来说，完全不是这么回事。不管有没有怀上性接触所带来的生命果实，她总是怀有自爱或自贬的结果。男孩就不一样了。为什么会有这种差别呢？这是女性性别特征的问题。我想是因为女人的性特征在身体里，她不清楚什么是性交。对她来说，这是和部分客体连在一起的。然而女孩并不是部分客体。男孩有一个部分客体，那既是他的尿道，也是他的生殖器。女孩只能用性冷感来抵抗和部分客体发生关系。事实上，女孩的性愉悦来自教育，并不是一开始就有的。起初，她可以觉得自己有高潮，或是一点感觉也没有。这种磨蹭的行为也是语言。她很机灵，也很早熟，但女性自恋使她怯步于性高潮，而把自己固着在永远的青春期。

这是女孩和男孩的不同。

＊＊　＊＊　＊＊

参与者：您认为应该和孩子谈论对身体的态度吗？甚至当他症状发作时，如面部肌肉抽搐？

多尔多：噢，当然不！因为抽搐不被包含在语言里。

参与者：如果他是个只坐在椅子边的自我抑制的孩子，整个晤谈期间都在啃手指呢？

多尔多：我认为应该对他说："你的屁股是不是怕椅子，还是说你认为自己无权和其他人一样舒服地坐着？"其实有的大人也做同样的事。当然，要从身体这儿谈起。有些成年人坐得更不自在。我倒觉得那会是一个很好的开始的方式，因为精神分析的躺椅正是要人放松的。有些人一开始显出防御的姿态：他们必须用力撑住自己的身体。这是个很好的切入点，而不是一开始就说些不着边际的、滔滔不绝的精神分析式的荒谬话语。首先，必须有身体和拥有这个身体的权利。对某些人来说，也许几次晤谈就能让他了解他寻求的东西。当一个人憋屈地坐着时，可以确定的是，他不管在哪儿都是如此，他在你这儿不会比在别处更憋屈。

参与者：您在这里暗示了精神分析的躺椅，而这正是我们想避开的方式。

多尔多：就是因为如此，所以不要一上来就进行躺椅上的精神分析，而是要先做些面对面的晤谈。一旦患者躺下了，我们就不再能对他的身体姿势提问了。因为你们没有面对面。在面对面的初始晤谈中，我们则有很多方式来触及这个问题。精神分析家有不同的风格——不是每个人都要照着我的模式，打比方，我们可以问："您感觉身体舒服自在吗？""哦，还可以"或是"今天不怎么样"。我们什么也没说。但在这个时刻，他们会感觉到自己处在防御的姿态中。我们可以接着说："那么，为什么您在无意识的状况下摆出了那么不舒服的姿势呢？"于是，他们开始讲述在他人面前自己如何抑制，而我们能看到他们开启了某种形态的移情。

参与者：一般来说，患者会叙述自己的苦恼。

多尔多：是的。不过有时他不会用话语来表达，需要我们一点一点询问他的动机。有些人会说很多对他们而言非常重要的事情，最后我们却看到他们是连身体都没有的可怜虫。这是需要讨论的。因为在这种情况下，我们没办法进行长期的精神分析，分析不会有效。在进行精神分析之前，可以先做心理治疗。心理治疗结束后，他们可能就不再像开始时那样说些不着边际的事情。之前他们却是为此而来的。此外，这些屁股贴着椅子边坐的人都想和你大谈精神分析、书籍和理论。他们想一来便马上在躺椅上做分析，因为他们知道分析是这么进行的，而且他们害怕谈话。所以，一定要对他们说："我们先谈一谈，不要这样一股脑儿地马上开始。"

你们不同意吗？或者认为前来寻求分析的人应该马上躺到躺椅上——不清楚为什么，也不知道这意味着什么，并且他不使用日常用语来谈论自己的状况？这是不可能的。如果在你们面前的是社会人士，也就是说，他们把你们当作和自己一样有着专业技术，并不比他们优越的一般人就可以！那么，他们就能够来做精神分析。但是，那些坐在椅子上扭扭捏捏，说"医生"这个、"医生"那个的，不行！首先，必须和他们谈一谈，不管他们是不是看过书，做过自我分析。我认为需要和他们适度保持距离。不要让他们和精神分析家靠得太近，最好离远一点；也可以在他们面前摆些纸和笔之类的东西，虽然他们可能用不着。总之，即使他们不开口说话，也别刻意去看他们在做什么——只考虑话语。如果给他们一些东西去摆弄（对于一些身体不自在的人来说，他们需要客体的协助），有一天，你会看到他们开始涂鸦，并且更自在地说话。他们会说："啊！我有一些事情要对您说。"之后，他们会越来越放松。"我想我现在可以躺下来了。"

对我而言，我绝不会在第一次晤谈时就让他们躺下来。在心理治疗中，八岁后的孩子常常要求到躺椅上去。"我可以去躺椅上吗?""当然可以。不过你只能说话,我在这儿听。如果想要画画或做模型,你可以回到桌子这边来。"有趣的是,他们很快就会置身在幻想中,不再在我们的脸上寻求答案了。他们沉浸在自己深层的分析中,而且经常是沉默的。有时甚至会睡着。

我想起一个和这个话题有关的事故:父亲突然去世了。我想这个结局和孩子的治疗是有关系的。

这个孩子有着我们所说的"增殖腺面容",看起来不是很聪明。除了其他一些症状之外,他智力发育迟缓(智商 60)。他在七个孩子中排行第五。在他四岁时,两岁的弟弟死了。他开始发育迟缓,一直吮吸拇指。我们认为,也许正是这使他口腔变形:硬腭高拱,牙齿前突。你们可以想象这个孩子的脸。但是,最让他父母困扰的症状是——他当时八岁——除了睡着以外,他的阴茎总是保持勃起,十分显眼。父亲必须让裁缝帮他订制衣服。孩子家庭条件优越,父亲是一家银行的负责人。这个勃起的阴茎对大家来说"很危险",甚至可以说"很惹眼"。这个孩子的面孔已经很引人注目了,更别说他凸显的性器官。

一位有名的儿科医生将他转介到我这儿。看到这个在裤子里突起的性器官时,医生怀疑是肾上腺瘤。我们在这个孩子身上似乎无法汲取任何东西。我说的是话语。

他来到桌前,捏着胶泥做了些东西,十分认真,可又带着傻气。有一天,他来到躺椅上。

他的父母也会过来。家里的其他孩子都很健康,似乎只有他是唯一发育迟缓的孩子。他性情温和，身体也很好。家人曾试着拿开他手里用来吮吸的小毛巾，可是没用。他们也用了其他一些惯用的刺激方式。确实，他在六个月大的时候，失去过一位来家里帮忙，和他一起嬉笑的阿姨。自阿姨走后，他变得闷闷不乐。母亲忙着照顾其他孩子——我说过，这是一个大家庭，孩子很多。如果身边有人帮忙，她只需要张罗人情世故。这个孩子让她有些泄气：孩子不停地吸吮拇指。这就是孩子所表现出的症状。

在前几次晤谈中，父亲谈到了孩子异常的勃起："这个现象必须消失。医生告诉我，他没有任何器官上的问题，只是性器官比他的哥哥们在这个年龄（八岁）时大得多。听说这是心理问题，我希望心理治疗会有所帮助。唉！夫人，这是我唯一疼爱的孩子。其他孩子（最大的已经十七岁了）都让我很放心，不过没有孩子像他一样和我这么亲。"他接着说："我知道这么说很奇怪，不过这孩子对我而言，就像只猎獾犬。您知道的，它们十分惹人喜爱。"我问他："你们之间有没有什么越轨的行为？"父亲回答："从来没有！他的身体就是那样，而且他从来不会去碰。"

我给这个孩子做了心理治疗，频率是每周两次。我再重复一次，他从没有说过什么大不了的事情，不过，他非常非常主动。有一天，他离开了桌子，走到躺椅那儿。躺下后，他拉开拉链，握住阴茎，像握着船桨一样不停摇摆，还用拉丁文唱着《圣歌选集》中死亡弥撒的前两句。在整个过程中，我没说一句话，我在听死亡弥撒。最后我告诉他："晤谈结束了。把衣服穿好。"他照着做了。

下一回晤谈是母亲带他过来的。她对我说："他的症状不见了。"他的阴茎不再异常勃起了。他躺到躺椅上。我对他说："噢，今天不需要。我们来谈谈上回的事情吧。"我发觉他不想靠我太近，于是保持距离，然后问他："上回是怎么回事?"他诧异地看着我。我提醒他："上回你躺到了躺椅上。"然后，我对他讲了他做过的事，并对他说："是谁死了?""那个曾经是小男孩的我死了。"真是太奇妙了!

第二周，母亲没带他来治疗，而是打电话给我，说："家里发生了非常不幸的事。我丈夫在银行工作时，心脏病突然发作，去世了。我不知道该怎么办。"我对她说："我得见一下这个孩子。""您可能不知道，他情况非常好。他会和每个人说话，跟从前完全不一样了。"

后来，我才从当初将孩子转介给我的医生那儿得知，这孩子除了有些学习迟缓外，和其他人没有什么不同。

这例个案告诉了我们什么呢？我不知道。也许这正是我们常常碰壁的地方。我要说的是，我没有刻意去做什么，是孩子自己解决了在弟弟去世后自我认同的丧失，以及嫉妒和死亡的问题。他找回并且参与了死亡弥撒。难道他对父亲的死有所预感？我不知道，也不可能知道。我只知道症状在那次令人难忘的晤谈后消失了。

参与者：为什么是这样的症状呢？

多尔多：我不知道。你们有什么看法？

也许是生殖—性冲动在没有男性性幻想的情况下，以歇斯底里的方式在身体图式中起了作用。因为根据他父亲的陈述，孩子并没有手淫行为。他只是迟缓，也许只能借着这部分肢体来让自己人性化。但他又是如何做到的呢？也许是借着对死亡的叙述吧。父亲的疼爱也许是对丧子之痛的慰藉。这个比他小两岁的弟弟非常聪明，没有发育迟缓的问题，也没有像哥哥一样在六个月大的时候出现初期照顾上的事故。他父亲曾说："这孩子是我的安慰。每当我晚上回到家，只有他和我关系亲密。"

参与者：这孩子有参与葬礼吗？

多尔多：有的。

参与者：若是参与了，他当时应该很激动吧？

多尔多：有可能。但这些也只是假设。可惜我没办法分享更多了。有时，我们会因为进展太快而感到困扰，尤其是我并没有为此做什么。

参与者：奇怪的是，父亲的死没有改变任何事。

多尔多：的确。我们让他上学，试着让他背记字母，以及学习一些对他来说完全不进脑子的东西。那时，他还不是他自己。直到一边唱着哀歌，一边躺着握住自己的性器官，他才成为他自己。在这里，我们看到了死亡冲动和性冲动共同发挥着作用。

他还有个适应力看起来很强的弟弟，发育得非常好。

这个阴茎异常勃起的孩子特别敏感，他以这样的方式对从前经历的事件做出反应。我也只知道这些，没有更多的细节可以对你们说了。

在这里，我们看到了一个真实的强迫症阻碍呈现为精神发育迟缓。如果没有这个就社会观感而言让人尴尬的生理症状，绝对不会有任何医生想到转介他来做心理治疗。唯一的希望是看到症状可以好转。家人带着他在巴黎到处求医，在见到我之前，都以探讨其异常生理为基本诉求。这是我见过的唯一阴茎异常勃起的案例，也是唯一因为这个症状来做心理治疗的孩子。

参与者：总之，智力发育迟缓甚至歇斯底里的案例都有很大部分的强迫症。

多尔多：是的。精神病症的发育迟缓都是强迫症和恐惧症的。

参与者：我要说的是那些在精神症中看似歇斯底里的患者……

多尔多：我认为，貌似歇斯底里的患者既是强迫症患者，也是恐惧症患者。歇斯底里是症状对于恐惧状态的反应过程。为了避免危险，他们使出浑身解数制造出一团团烟雾；为了保持距离，他们借着置身于被强暴或被吞噬的危险幻想来操纵所有人。有的是被强暴的焦虑，但不一定是性强暴，也许是视觉上、听觉上的强暴，或者是一种对吞噬性实体的幻想。如果你问他们："你说什么？"他们会语无伦次，不想说清楚自己长久以来所隐藏的欲望——可以追溯到婴儿时期身体意象的欲望。

至于这个唱着哀歌的孩子，在接下来的晤谈中，我们触及了嫉妒死去的弟弟的问题。

至少，我听到他发音很准确，也知道那些拉丁文句子的音节及音律。他会说这些字吗？我记不全这首歌，但是，他的祝祷是从诗篇前几个字开始的。他唱诵并发出了音节。总之，他在躺椅上字句清晰地唱着死亡弥撒。

不过，这是很久以前的事了。除了从他们的家庭医生那儿得到一些讯息外，我再没获得他的消息。这位医生也承认他们始终不太了解这个案例，也没在孩子改变与父亲去世之间建立起联系。我在两者之间建立起了关系，认为父亲其实无法承受儿子如此突然的改变。

有时，我们没办法察觉到知觉之间的联系。我也许应该请他父亲同时出席晤谈。孩子总是悄悄地由某人陪同前来。有时是他母亲陪他来的。我最多见过他十二次。每次见面都一成不变：他把胶泥捏扁，也会为了让我高兴而做些小玩意儿。他到底是怎么过日子的？我也说不上来。他就像物品一样不吭声，但慢慢地在沉默中有了深层的理解。于是，有一天，他躺到躺椅上来表达自己。这一切就像在梦中一样，除了唱哀歌之外，他不知道还能说些什么，也没有意识。但就是在这一刻，他重新经历了一个无法用言语表达的情境。

通过这例个案，我要说的是，有些孩子是在躺椅上进入治疗的。这意味着，他们身上有一股想往更深层探索的意愿。

＊＊　＊＊　＊＊

参与者：您可以对我们说说视觉驱力和口欲驱力的关联性吗？

多尔多：嗯，这不用舍近求远地去领会。我们在日常用语中就可以看到。例如，"他在狼吞虎咽地看书"，这是指眼睛在字里行间吞食着。你们也见过一些有阅读障碍的孩子，他们的眼睛不能灵活转动，像是被钉住似的待着不动。

眼睛是所有驱力的所在，不管是被动的还是主动的。我们可以说飞速、贪婪地看着，也可以说停滞在一个词上，即眼神停滞，不再向前流动。有些孩子之所以结巴，是因为无法阅读，另一个原因可能是对文字内容不感兴趣。

我的一本书中提到，有个孩子由歇斯底里转变成心理动力上的残疾。[①] 他可以自在地弹钢琴，但是没办法看谱和读书写字。他的手指特别灵活，但手臂需要被扶着，因为他支撑不起自己的手臂。

你们一定知道有些孩子很有音乐天赋，但却没办法画画。大部分音乐家都画得不太好。他们想画房子，看起来却像埃菲尔铁塔。当听觉驱力优先时，以音律为首要，而不是以几何线条的形式在空间中呈现。这些小音乐家用音律来表达图像，他们的图画并不是视觉呈现的转移。

参与者：那些数学好的孩子呢？

---

① 　可参见《无意识身体意象》一书。

多尔多：数学好的孩子非常在意图像中线条的不同之处。有些人在数量和细节上要求过细，甚至有点吹毛求疵。这些人钻研于逻辑的相异之处。我认为数学家身上有一种肛门—子宫型的升华。

我想起两个年轻女性（歇斯底里结构）的案例。第一个是我在图索医院见过的一个小女孩的母亲。小女孩有严重的强迫症，非常压抑。她母亲曾是优秀的数学家，考进了高等师范学院，在那里认识了她的丈夫。她在不知不觉中爱慕着他。他也是数学家。他们在科学领域都十分优秀。从她发觉自己有欲望起，因为欲望被分享了，她开始不会做数学题，甚至遇到算术障碍。在初吻的隔天，她完全不知道怎么算术了，以至于没法完成学校学习。她本来名列前茅，如今却完全丧失了算术能力，做不出小学四年级以后的题了！她好像完全停滞了。她丈夫觉得这没什么，还常开她玩笑。从此，她成了有强迫症的家庭主妇。她一直以来都是寄宿生。这就又得提到她祖父母那一代了。我没办法在这里细说，因为故事实在太长了。

被带到图索医院的小女孩自从升上母亲不再有能力辅导她的年级后，学习也完全停滞了。孩子在算术上开始停滞。母亲一点也不惊讶，甚至任由她消极发展。她们都深陷于俄狄浦斯情结。女孩没办法具有母亲在打扫卫生方面的肛门性能力，而若没有这种能力，女孩会什么都做不了：脑子没法"使"，在家里也不行。孩子变得紧张兮兮，脸上没有任何表情。

对孩子的治疗是在第二次世界大战结束后进行的，其中幻想扮演了很有意思的角色。可以这么说，这孩子除了画些小圈圈外什么也不会。她深受我们所说的"学习意志缺乏"问题的困扰。我们最终得以在小圈圈上展开幻想：如果画的是现实生活中存在的某个东西，那么，这些小圈圈是什么材质的？孩子告诉我，那些是小石头。但是，对我们的工作而言，这是需要时间的。也就是说，一两次晤谈是不够的。接下来的问题是："这些小石头能被敲碎吗？"我让她在睡觉的时候做个梦。在梦里，小石头碎了。晤谈中她画了碎裂的石头。石头很大，里面有一个小小的空间，住着一只蚂蚁。这些并不是真的发生在梦里，而是她在和我描述自己的梦境时编造出来的。这只小小的蚂蚁因为不再被石头保护而感到害怕。我对她说："去和这只蚂蚁说话。跟它说，它可以找到石头。你就在这儿，你可以让它回到石头里。"总之，这是个"重回庇护者子宫"的景象。蚂蚁在她的幻想里四处爬行。从那以后，小女孩脸上逐渐有了表情，不再紧缩着皱在一起了，也不再那么压抑了。情况很快有了改善。但是她母亲始终没有找回算术能力。

我要再说说这位母亲的故事，这样我们就会明白孩子是如何陷入精神分裂的。

这位母亲有个比她大两岁的姐姐。两姐妹的父亲有个比他大两岁的哥哥。这个哥哥未婚，没有孩子，不愿意听有关异性的事，经济条件很好。至于两姐妹的父亲，他将她们送到了社会福利机构。大女儿当时已经六岁了。在她十三岁的时候，父亲觉得十分内疚，就把她们接了回来。她们就这样对这个有钱又有社会地位的男人有了些许认识。他带她们到法国南部的别墅，对她们说："我是你们的父亲。以前，我把你们寄养在外面。现在我的条件还不错，我们可以住在一起，我，你们，还有你们的母亲。""母亲"是指那个对她们来说扮演母亲角色的女人。据说，这个"母亲"毫不起眼，和丈夫在一起时就像个小孩。

父亲留了女儿几个月，让她们在城里上学。夏季的某一天，他突然说："没办法！真的没办法！"他又将两姐妹送回了福利机构，希望她们回到以前接待她们的家庭。但是照顾她们的人说："我现在有了其他两个孩子，没办法再接待她们。"

于是，福利机构将她们安置在一个机构里，并帮她们注册了中学。从此她们就没再见过父母。

两兄弟（伯父和父亲）的父母是被强制结婚的。那时的法国总统好像是格雷维（Jules Grévy），我不太清楚。结婚的原因是十四岁的女孩怀孕了，而男孩当时十五岁。故事是从这个女人开始的。他们住在同一个村子，也彼此相爱。女孩的家境比男方富裕很多。双方父母因为怀孕之事决定让他们结婚，也请求相关部门批准。因为他们还未成年，根据法律，必须满十八岁才能结婚。结婚后，这对年轻人接连生了两个男孩，就是我前面提到的两兄弟。等孩子稍大些，十七岁的母亲和十八岁的父亲就把孩子丢给了社会福利机构。

这个紧张兮兮的小女孩的母亲和她的姐姐有着相同的目标：成为教师。她因此进入高等师范学院，并在那里坠入爱河。至于姐姐，就像她们的伯父一样，单身，没有孩子。伯父在弟弟去世后把两个侄女找了回来。也因为如此，我们才知道了事情的前因后果。伯父把两个女孩找回来，想让她们继承自己的遗产。凭借姓氏，伯父最终找到了她们。

伯父将财产赠予她们后很快就去世了，也就五十岁左右。他在退休前就已安排好自己的晚年生活——他是在养老院里过世的。这个故事很耐人寻味。伯父对她们讲述了与她们相关的家庭史。

姐姐继续自己的学业，成为口语翻译。她通晓多国语言，往来于世界各地，感情生活一片空白。她说："因为有这样的经历和这样的父母，所以有关感情的一切都变得很荒谬。"她没办法拥有稳定的情感关系。她非常聪明，也很有钱。

在这个案例中，我们看到罪恶感触发大脑生殖驱力并与生育相连。

在被遗弃前，两姐妹也不是父母亲自养育的，而是由女仆照料。之后，她们被交给社会福利机构，被寄养在乡下的保姆家。显然，她们非常喜爱这个保姆。妹妹对我说，在被带回父母家的火车上——本来以为保姆会一直照顾她们，在火车行驶时所发出的"嘟遁！嘟遁！嘟遁！"声中，她的内心也在跟着呐喊："他们不会出现在车站！"在整个旅程中，她的内心都这么呐喊着。最终，她看见父母就站在月台上。

她清晰地记得，有次在和父母一起消磨十分无聊的假期时，自己总是想念着保姆。不管是她，还是姐姐，她们后来都没再见到这个保姆。妹妹期待回到那个在青春期以前，姐妹俩一起生活的地方。两姐妹的年龄相近，就像她们的父亲和伯父一样。我见到妹妹时，她三十多岁。所以，她是在第一次世界大战期间出生的。她的父亲和伯父是在19世纪末出生的。她的祖母则是在1870年开始的那场战争①中出生的。

我们在她的孩子身上看到了这一切。小女孩很痛苦。她和母亲从很远的地方过来治疗，之前也看了许多精神科医生。是圣安娜医院将她转诊到图索医院的。对八至十岁的孩子来说，这种紧张意味着严重的错乱。

我认为在俄狄浦斯期，肛欲驱力的禁止影响了女孩。对女孩而言，母亲是父亲的妻子。确切地说，打扫卫生的工作属于肛欲驱力。孩子没办法在学校好好学习，因为这会让女人变得不幸福——就像她的姨妈。姨妈来探望他们时总是带着一堆礼物，而母亲总是说："真可怜！这样的日子实在太可悲了，她谁也不爱！"女孩的父母非常恩爱。母亲一点也不冷感；至于母亲的姐姐，她既非同性恋，也不是异性恋，只知道工作。她并不是女性特质的范例，比较像社会表象与事业成功的典范。

这给孩子带来了什么呢？毋庸置疑，她已经在"你不会和爸爸生小孩"的模式下被阉割了，没有致力于用眼、耳、思想、手的口欲和肛欲性阳具驱力来操作并展开移情工作。她所有的运动机能都被剥夺了，她僵在那儿了。可以确定的是，心理动

---

① 指 1870—1871 年的普法战争。——译者注

力的复健治疗对这类患者起不了什么作用。

另一例个案的案主是一个年轻女孩。她已经有了两三个数学专业的文凭，在准备大学教师资格考试。我和这个女孩是通过关系介绍认识的。她在巴黎读大学，有时会过来和我们共进午餐。她很擅长数学。有一天，有人从她住的地方打来电话，说："请您务必过来一趟。她非常不对劲，我们不太清楚她到底怎么了。她和以前完全不一样了。""怎么回事？是不是生病了？""不知道。总之，她完全变了样。"我和我先生过去，负责的女士告诉我："她不穿衣服，不洗漱，作息紊乱。她把书摆在桌子上，不停地工作；丢三落四，不收拾餐盘。"就是从这些小的征兆开始的。她没办法像其他人一样做些基本动作，在运动机能上出现偏差。不过，她还是非常温柔，没有任何性格障碍，也没有攻击性。

我们告诉她，我们在这儿。她说："你们为什么会来呢？哎！我好担心我爸爸。我真的好担心他。"她父亲当时身体不舒服，但是也没有理由那么担心呀？事实上，那时的确发生了一些事情，只是我们不知情而已。我们以为她父亲只是操劳过度，没想到两年后竟因尿毒症过世。她重复说："我担心爸爸。"我先生说："我会去问问他的近况。但是，你有必要如此困扰吗？""是的，我总是不停地做噩梦。"

她的噩梦很有意思，都是一些阳具性欲紊乱的幻想。我们本来以为父亲是她错乱的原因，但其实是她的阳具性欲幻想被动摇了，她现在——已经晚了——才受到阳具阉割。

我留在她那儿，对她说："肯定发生了些什么。"她崩溃了，哭着说："不，我不应该！我本来应该等到学业结束的！我不应该！""不应该什么？"哎，其实不过是谈恋爱罢了，而且还没有发生性关系。她不是因为性关系而产生罪恶感的，而且她的家庭很开明。她十分倾慕一个学数学的男生，这一倾慕使她没办法独自做出数学题了，和他在一起时也不行。不能学数学，她也就做不了其他事情了。那她做了什么呢？她接受了这个状况。她来找我，我建议她去和精神分析家谈谈。她对我说："我父母没有钱。"这是事实，她家兄弟姐妹众多。她又说："我要想一想。我要和某某（她喜欢的男孩）谈一谈。"她需要让他接受自己不能再学数学了。

她非常顺利地转了专业，成了文学学士。她的男朋友对她解释了应该怎么去做。我想她拿到了同等学力的证明来继续学习。她从前在数学领域十分优秀，如今却成了数学傻瓜。在这点上，父母始终无法理解。但这对年轻人过得非常幸福。

参与者：这只会发生在女性身上吗？

多尔多：我不知道。我没有关于男性的临床经验。

参与者：在上一个案例中，对她丈夫而言，那个吻也是初吻吗？

多尔多：是的，不过那完全没对他造成震撼。那个考上高师的妻子在学习初期得到许多鼓励；由于她工作过度，学校又给了她十五天的假，让她在家休息。对于这些异常，大家想尽了一切办法来帮她。但最后，只能说在智能上联结的导向使她的数学知识基本归零，她的算术能力甚至比不上孩子。她完全失去了自己八岁以后所学的东西。

她本身也没有其他方面的才华，比如在做家务方面（离开保姆家后，她一直过着寄宿生活）。所以，她得重新面对洗衣服这件事。丈夫非常费劲地教她用文明的方式洗衣服，因为她想要以保姆的方式来洗衣服。她在所有方面都想认同幼时照顾自己的没有受过教育的保姆。这也许就是丈夫最后决定住在小镇的原因：他太太就像个没有受过教育的家庭主妇，只剩下小学的基本程度。就是这样，一切都十分特别。

确实在这方面，阉割对一些看似升华，但实际上还是色情的驱力起了作用。

当情欲在固着中被移置到男孩的身上时，女孩身上的阳具特征就会在男孩身上呈现出来，以至于她自己不再拥有这些特征了。

这里所引发的再次反应，就是当女儿到了母亲退行的年龄——八岁——时，身上不会出现任何阳具性冲动。

这是两个以歇斯底里为基础，涉及计算、数学和差异的例子。

第二章 创 伤

晙谈的频率——被成人虐待的、错乱的小女孩——创伤：想象与现实的冲撞——原初创伤的精神病：过世父亲的归来——蔷薇图案与"坏女人"——野孩子

参与者：对于心理治疗的晙谈频率，我们不是很清楚相关机构是以什么标准来确定的。

多尔多：的确不太清楚。假设我们有许多时间，我认为晙谈频率需要由治疗师做出评估和决定。心理治疗主要在晙谈的间隔中进行。所以重要的是，主体的前意识和治疗师有持续性的关系，以至于不会忘记晙谈的先后次序。此外，我们能很清楚地看到：主体总是会从上回晙谈结束的地方开始。有时，我们会非常讶异，因为不管是成人还是孩子，在两个月的假期后，他们都能从上次结束的地方重新开始。他们一点都不浪费

时间。即使治疗师不在，他们也没有退步。这些可以用于对晤谈频率的必要性以及规则性的考量。

开始的时候，我和每个人的做法都一样，认为如果父母条件允许，应该每个星期两次，或至少一次。

这个观点还是有待商榷的。因为做心理治疗这件事不应该成为父母精神生活的主要烦恼，以及沉重的经济负担。的确，目前在 CMPP 的晤谈几乎是免费的，但是这得花时间，而且相对于家里其他孩子，这一切都是要付出代价的。孩子会看到，只要谁有症状了，或是退行了，谁就会让父母更在意。这很典型，会增加兄弟姐妹之间的纷争。

正因如此，有次我对一个行为非常偏差、错乱的女孩采取了很不一样的做法，结果出人意料。

父母也注意到了这个现象。开始晤谈十五天之后，孩子向父母表示需要来见我，并问能不能单独去见"那位夫人"。母亲有四个孩子，如果她常来的话，我想这对全家人来说并不好——会造成不公平。她们来自法国东部很远的地方，为了一系列连续性的晤谈，得在巴黎停留好几天。

女孩的行为十分错乱。她把大便放进饼干盒里，故意在饭菜里吐口水。总之，她会做所有我们难以想象的事情。她甚至不会走路，双脚交叉：左脚走右边，右脚走左边，第三步就得摔在地上。事实上，她整个身体都错乱了。

在前几次晤谈中，她对我叙述了母亲对她做的可怕的事情。她捏造了最糟糕的家庭暴力并将它们画出来，认定自己遭受了这一切。而我看到的是，这个陪伴女儿的母亲，这个无法应付整个状况的善良女人，是绝不可能对女儿做出凶恶之事的。

我首先聆听了父母的倾诉。父亲在三岁时失去了自己的母亲。这点很重要，因为之后他被女仆抚养——差不多是这个样子，他父亲以担心孩子为由没有再婚。这个可怜的男人就这样做出了牺牲。在我接待女孩的父母时，祖父已经去世。祖父虽然牺牲了自己的婚姻生活，不过也还是有性生活的，并且请了一位老妇人来照顾孩子。孩子每天都和父亲一起用晚饭。这个可怜的男人其实可以安排孩子寄宿，然后再婚，不应总觉得这样做会"伤害"孩子。

很巧的是，小女孩的父亲和半盲的老园丁特别投缘，并且对他十分有感情。老园丁成为家里重要的一分子。这个连肉都已切不动的老人也成了小女孩的最爱。对她而言，老园丁就像她从没见过的祖父一样。她的父亲对老园丁十分亲切。为什么？在儿子四岁时，老园丁的妻子死了。老园丁独自赚钱抚养孩子，孩子后来也成了有用的人。小女孩的父亲把老园丁从安养院领回家，就像他是需要帮助的、可怜的瘌痢狗。对小女孩来说，老园丁是唯一和自己有情感交流的人。她对其他人显得十分厌烦。她在哪儿都不受欢迎，长得也不好看。不过，她在治疗期间变得非常漂亮。事实上，她是受到惊吓的丑小鸭。

到底发生了什么事呢？在治疗期间，我们知道小女孩并没有被母亲虐待过，而是在母亲不知情的情况下，被一个从修道院领回来的十五岁的女仆虐待过。这个女仆是孤儿，在母亲面前对小女孩表现得非常疼惜。有一天，孩子的教父忘了拿围巾，折返时听到了教女的尖叫，像被什么追捕着。为什么母亲不把小女孩带在身边呢？因为当时她正忙着准备搬家，而且还要照顾十三四个月大的弟弟。小女孩特别怕冷，母亲出门去查看供暖设备，就把两岁半的女儿留给女仆照看，因为她似乎很喜欢孩子。因为教父的折返，母亲才得知了女仆的病态行为。听到小女孩叫喊时，教父询问女仆发生了什么事。她花了好长时间才来开门。"怎么回事？""噢！她很不乖，被处罚了，所以不能来见您。"之后，他将这件事告诉了孩子的母亲："你知道吗，我觉得你的女仆是个虚情假意的人。在众人面前，她表现得非常友善；但是，我觉得在和孩子单独相处时，她会虐待孩子。"

于是，母亲在一次突然回家时看到了惨不忍睹的画面：女仆拿着火钳追赶孩子，威胁要烧死她。这到底是真的，还是在开玩笑？只见小女孩边跑边嘶喊，四处逃窜，而女仆冷笑着追赶她。

母亲将女仆赶出了家门。但由于同情她是个孤儿，又帮她在别处找了雇主。所以，这个女仆就到其他地方捣乱去了。当然，是到不会将孩子完全交付给她照顾的人家。

其实，母亲对女仆早就有些怀疑，因为她不喜欢小女孩的弟弟："我不喜欢小男孩，我只喜欢您女儿。她实在太可爱了。"而且，只要母亲一转身，她就会责怪孩子。也许她真的喜欢这个小女孩，不过是以虐待的方式来喜欢的。对她来说，小女孩是可以被恐吓的玩物。

小女孩因此就固着在女仆带给她的施虐与受虐想象的快感中。这是她变得错乱的原因。女仆走后，小女孩的心理无法得到纾解，因为她找不到更强烈的刺激感。她试图通过撩拨和挑衅周围的人来找回这种刺激。从出生到差不多三岁，她一直以如此错乱的行为在女仆身上寻求认同。

等她进入学校，这又开始了：她推倒其他孩子。然后，她开始一点一点地退行——她非常娇小，很灵活——甚至没办法遵循自己的身体图式。她交叉着脚内八走路这件事就可以证明。此外，她还有内斜视以及声音过于尖细的问题。

在治疗过程中，她可以畅所欲言，而我就像母亲似的在一旁听着。我仅仅对她所说的做出回应，不会再对她母亲陈述。有一天，事情就这么发生了。她为画里的人命名，说就是那个女仆。而在移情里，我就是这个孩子，也就是她自己。她想要在我身上再现她的幻觉。我说："不行，我们不玩真的。我们可以把它们画下来。"

在儿童精神分析中，我们不可以陷入心理剧的场景。这有时的确会发生，但最多只能有一次。而且，之后我们要提醒孩子，这只是演出。此时需要一个第三者。但是，我们不可以既是精神分析家，又是第三者，我们只能利用话语。如果对方是还不太会说话或说得不好的孩子，就需要某种表达的媒介。这个小女孩话说得很好。总之，或者是孩子借由这个第三者来表达，让精神分析家处在话语见证者的位置上；或者是让孩子处在精神分析家的角色中来见证他所做的事情。精神分析家就在孩子心里。为了成为自己的精神分析家，孩子需要与自己表达的东西保持一定的距离。如果没有这个距离，只有和精神分析家之间身体接触的满足，这便成了游戏，而不再是分析了。

治疗进展得非常快，孩子痊愈了。这其实是我见过的很严重的案例，并且和母亲几乎没有任何关系。这个无辜的女人能早点明白这一点就好了！

父母关系融洽，彼此相爱。除了作为老大的这个小女孩，其他孩子完全没有受到影响。

参与者：为什么这个孩子在面对女仆时没有通过认同母亲来保护自己呢？

多尔多：她没办法。女仆在母亲面前夸她："她真的好乖！"母亲也从来没有看到过女仆凶孩子，一次也没有。女仆只有在她俩同时达到享乐兴奋的情境下，才会凶恶地对待小女孩。孩子成了女仆性欲的客体，但这绝不会发生在母亲在场时。当母亲在家时，女仆扮演母亲的角色，与之认同。她模仿母亲。这个没有受过教育的年轻女孩和很多错乱的人一样：放纵性欲。

我们不一定知道孩子曾是谁的病态满足的客体。有时，这是在母亲不知情的情况下发生的。在这个案例中，幸运的是母亲知道了。否则，这种情况将会持续。试想，如果这个孩子继续和女仆接触，会发生什么？

对小女孩而言，这个所谓"创伤"是在她完全受制于错乱魅力的年纪，被强行与之分离而造成的，以至于她随后要重新找回这个从惊吓中获得的高潮。她也只能在移情的情境下寻求。她用和女仆玩游戏的方式来对待其他孩子，这就是为什么小女孩会被所有人排斥。于是，她只好退行，不再找寻曾经有过的快感，那种在扭曲的施虐中被给予的强烈的受虐性满足。

参与者：母亲应该能够察觉到某些症状。

多尔多：她没有理由能够察觉。她只能在孩子嘶喊时，有可能看到她强烈的兴奋。但事实上，当母亲回来时，不管是攻击者还是被攻击者，两人都已经安静下来了。这时孩子处在倾向于原初同性恋关系的年龄。

不论是母亲还是其他女人，只要以某种色情的方式来对待孩子，并给予孩子性欲满足，都会使其变得扭曲。

参与者：所以，小女孩没有以象征性的方式进入父母的三角关系？

多尔多：事实证明没有。

参与者：您描述了父亲那一边的故事，母亲那一边呢？

多尔多：母亲的俄狄浦斯期非常平衡，不过她没有兄弟，没办法借由丈夫的行为模式来体验同年龄兄弟的行为。这对不了解两性之间友谊的父母来说是个问题。母亲读的是女校，长大后才认识了其他年轻人。她父亲将女儿们养育得很好，和父亲的相处对她们来说也从来不是问题。她丈夫也非常有担当，并且保留了去世母亲的完美形象（母亲去世时他还是幼儿，所以对他而言，母亲总是美好的）。在他眼里，所有女人都是好的。他十分满意自己的妻子。

身为孤儿的他想接个孤儿来家里住，也算是给年轻女仆一个家。但这完全是一厢情愿。父亲无法理解女仆将自己和有父有母的小女孩对照，并且想要占有她。此外，她在这个孩子身上体验到了自己部分的情欲冲动。

参与者：这个孩子的痛苦能被父母了解吗？

多尔多：事实上，不能。这是个问题。真正的问题并不在于单纯的痛苦，而是痛苦中的快感。

我应该只和母亲说过一次话，特别是不想让她认为在传统精神分析框架下，她应该每个星期都带孩子过来。还有就是，这个家庭经济条件处在凑合的状态。所以，我们设计了一个符合家庭预算的方式，避免这个错乱的孩子成为家里其他孩子的榜样，让他们这么认为："如果生病，也变得错乱，妈妈就会归我一人所有。并且还有每个星期两次的旅行。"这是为什么我用另一个方式：每隔五周，连续工作五天。然后以此递减为每隔五周，连续工作四天；再来是每隔一个月，连续工作四天；接下来以同样的节奏，连续工作三天，连续两天，最后一个月一次。这样的安排出人意料。还不到八个月，女孩就几乎痊愈了。

如果她住在巴黎，我不认为每周固定晤谈一次会有同样的效果。这种调整和连续密集的晤谈对她有极大的助益。在一次连续晤谈的最后一天，她通过非常有攻击性的反应对遗弃做出了不起的哀悼：因为隔天没能来见我，所以她就不乖。我对她说，她之所以难受，是因为第二天见不到我，因为她住得太远了。但是下个月就能见面了。

在治疗期间，她几乎始终带着负面的想法。现在，她变得正面了，也不再需要我了：她有她的母亲。

有一回，她急匆匆、气呼呼地走进诊疗室，对我一股脑儿地说着指责和辱骂的话："你是个蠢货，笨蛋。"通过这种方式，她渐渐好了起来。

她也赶上了学习进度，和家里的兄弟姐妹以及其他人相处得很好。这真是太棒了。

像这样的案例，单独对孩子进行治疗就可以了。我和她的父母各自谈过一次。对她的母亲，我感到同情。在治疗期间，我没有给母亲任何建议。

我之前说过，孩子有重叠性的内斜视。可以说，她的双腿有同样的问题。至于她的手，几乎不能碰任何东西。只要一靠近，就会有摔碰。如果情况不是那么糟糕，我们只是会把她当成蹩脚的小丑。她死气沉沉，头发跟杂草似的。另外，在生理上，从血液循环方面来看，她也有很多问题。她在二十一个月大时出现血液循环障碍，会不停地喊冷。治疗时她也常常觉得冷。夜里，她睡得非常不好。母亲发觉后，就给她留了一盏灯。孩子的手指常常很僵硬，这是血液循环不良的问题。母亲没有发觉女儿晚上冷得难受，以至于睡不好觉。女孩还在夜里幻想魔鬼把冰块放在她的脚上。我提醒母亲多给她盖些棉被，晚上给她穿上羊毛袜，戴上羊毛手套。如果她不愿意，可以取下来，但至少要有毛毯。从那以后，她开始可以睡着了。

我完全不明白死亡驱力为何会导致身体对温度的嫌弃。通常在睡眠的死亡驱力中，只要盖上被子，身体就会暖和起来。母亲说："我有给她好好盖被子。但每次起夜去看她，她的脚都冰凉。"她没有想到要给女儿穿袜子。女儿半夜从噩梦中惊醒时，母亲会过去看她。

如果这个孩子不是出生在对她很细心又非常人性化的家庭中，她早就在四五岁时被送进精神病院了。

我不清楚还有哪些原因，但的确在这个孩子身上看到了一种异常的、活死人般的精神病状态。

她讲的那些虐待和折磨的细节，真是骇人听闻。事实上，母亲对女儿非常细心，也期待她痊愈。但小女孩对母亲十分冷漠。直到治疗中期，她才勉强亲了母亲一下，亲完就跑掉了。母亲对我说："她好像很怕亲我。"

对弟弟的嫉妒在这个案例中完全没有起作用。她处在色情幻想的情结中，彻底脱离了现实。她在行为上也有严重的错乱，差点把老园丁毒死了。

在接受治疗的前一年，她把注意力放在这个成为她出气筒的老人身上。老园丁眼睛看不见，所以不会有任何怀疑。自从发现她把老鼠药放进老人的汤里后，母亲就十分警觉。她又在老人床上放了些动物。总而言之，她非常有攻击性。正因为如此，我认为她很聪明。她的外表特征完全暴露了身体的缺陷，内斜视的问题也影响了身体的中轴线。事实上，在痛苦惊吓和满足情欲取乐的情形下，她整个人的中轴线非常偏斜。

当女仆的名字在治疗中被提到时，母亲就回到了该有的位置上。在这以前，对女孩来说，两者的形象是完全混淆的。

我只能解释说，她之所以想让老园丁痛苦，想像弄死老鼠一样弄死他，是因为她就是以这样的方式来对待自己的。后来，她变得非常柔顺。她对老园丁的温柔让母亲察觉到了她的改变。她也开始以温柔的态度来对待自己。

＊＊　＊＊　＊＊

参与者：想请教您一个我们小组至今没有足够的概念和方法来解决的问题。这个问题涉及 DDASS 机构的心理治疗，是一些被遗弃或者因为遭受虐待等而被带离家庭的孩子在治疗中出现的问题。当然，我们并不是将这些孩子归为同一类型，因为他们身上有着不同的结构。在小组工作的前几次讨论中，我们很快就遇到了创伤议题：这些孩子对于被亲生父母抛弃，留下了怎样的记忆？考虑到这些由周遭环境所传递的方式——特别是收养家庭和社工，我们是否可以谈及创伤的当下，以及在现实中会面临的事情？

多尔多：当然，它们会来到现实中。只有借助屏忆，才能在治疗中抵达现实。

参与者：对我而言，这会引发更多的问题。特别是我们试图在孩子带来的讯息背后找出其隐藏的真实。

多尔多：一直都是如此。这对你来说很意外吗？

参与者：不意外。不过，对此您是如何开始的呢？

多尔多：精神分析之所以为精神分析，是因为它在重复中找寻，它在孩子所有的行为中寻求过去的经历。我们的视角绝对不是对当前的问题进行治疗。后者是我们一般所说的支持性治疗。我并不是说它们不存在，但这并非精神分析的治疗。精神分析是对现况的支持性治疗。精神分析家只是在治疗中利用移情，而不是把孩子和他本人的关系当作过去所存在的关系的一种重复。相反，精神分析追溯主体和他人关系模式的源头。此刻，我们和他在一起。有时，他沉浸在另一种关系中，一种不可避免地将孩子带回与母亲融为一体之状态的关系。最后，分析中总是有些在这个范畴里纠结的东西。一旦时机成熟，精神分析家便可以道出能被患者理解的象征性语言，而患者也可以说出精神分析家可以领会的语言。这并非仅限于法语。为此，我们致力于符号象征的能指，因为它超越了语法所陈述的语言。

如果不以精神分析为基础，我们是没办法进行治疗的。

参与者：有一个让我们十分受挫的问题：在现实生活中发生的问题，是不是弗洛伊德在论述中所说的创伤现实，而创伤的程度取决于年龄？在这种情况下，治疗中创伤的重复是不是或多或少不那么强烈呢？

例如，许多保姆常把问题归结于原初创伤。目前依据她们的态度，我们所能做的是让孩子重复创伤，或是一些超越性的工作。然而，人们将这一切归结于在现实生活中亲身经历的某个时刻。不过，我认为，根据孩子的年龄以及与亲生父母当时的关系，其影响会有很大的差异。

多尔多：这是肯定的。一般来说，所谓"创伤"，指的是无法容许现实与想象之间差异的交战。我想这就是精神分析中所说的"创伤"。

创伤也取决于孩子的生命历程。有些创伤是由身体承受的创伤，并不是与真实的母亲在象征性关系中的断裂——涉及的是孩子与想象中的母亲关系的断裂。

例如，扁桃体的切除不是一个现实中的与母亲关系的断绝，而是生理层面的创伤。在真实生活中，孩子并没有与母亲分离，但的确又和口欲期的母亲分离了。孩子在现实中即便没有与母亲分离，但在断奶时和口欲期的母亲分离可能会使他变得屡弱。或者说，在这种情况下，他不能把眼前的母亲与从前的母亲联结起来。

在时间和空间上与母亲分离也可能导致孤独症。在时空上与母亲的分离，母亲不在场，孩子就不知道自己是否依旧存在，这便会成为创伤。由此，孩子就掉进了我们所说的孤独症世界。我使用"掉进"这个词，是因为这是过去的身体意象的陨落，主体没办法将驱力投注在现今的身体上继续发展。于是，他回到过去的身体，蛰伏其中，等待着从前的母亲归来。创伤使孩子固着于过去，停滞在一个甚至不是过去的过去：身体的需求不再有与之相连的欲望和方向。

我可以讲一个关于创伤的典型案例。有个十三岁被送往图索医院的孩子，原因是他整天只知道撕纸，然后朝窗外丢。没有人晓得这样的状况是从什么时候开始的。一次偶然，父亲发现了这件事。父亲是工人，因工作时意外骨折而在家休养。有位护士来帮他包扎、护理。她发觉孩子在不停地撕纸，就询问怎么回事。母亲回答说："我们的儿子没办法上学，学校不要他。他整天只做这个。他一直待在家里，没上过学。""但是，你们不能就这样把他单独留在家里！"所以，他就来图索医院了。

我之所以讲这个案例，是为了让你们看到创伤是如何驻留在孩子身上的。

儿子是被母亲带过来的。母亲声称："护士说他不能再和我们一起住了，得把他安置在别处。"对于分离，母亲十分伤悲。她说："他现在年纪也够大了。"

孩子画的第一张图表现的是教堂，完全是精神病式的图像。笔触非常生硬，有许多十字架，房子没有底部（没用横线来和地面相区隔）。十字架都画在教堂的表面。我问他："这是什么？"他说："是滑雪的人。""喔，说说看。""就是在那天，爸爸死了。"因为有死亡，所以有十字架。他对我说，爸爸滑雪时意外跌进了石缝里，死了。我查阅了这个孩子的资料，看到他是"无法测试的"，因为他在测验中完全不回应提问。

我走出诊疗室，问了母亲有关父亲意外事故的问题。她回答："他对您说了这些！没错，是在他四岁时发生的。但是我丈夫已经没事了。"他们九月去度假，在博松（Bossons）冰川上散步。父亲意外滑倒，跌入了冰缝。夏蒙尼（Chanonix）的救援队曾擎着火把到处搜寻。（有趣的是，孩子的下一幅画里出现了火把和光线。）最终，救援队没有找到父亲。他们结束了搜寻，将他列入失踪名单。

母亲原籍意大利——和父亲一样，她在教堂做了追思弥撒。朋友、同事和其他人都来做祷告，也时不时悼念死去的可怜的父亲，为他点燃蜡烛。

第二年1月1日，母亲收到一封信——也就是几个月后，说她丈夫大腿骨折，被在山上木棚里独居的牧羊人救了。牧羊人后来一直在照顾他。天气好转后，他才下山来到镇上，写信告诉妻子自己获救的事。

看起来，男孩对此毫不知情。他并不知道这封父亲告知母亲自己仍健在的信。

由于臀胫是横向断裂的，十分麻烦，所以父亲需要住院。一直等到复活节，他才从医院回到家里。也就是说，从九月到来年春天，在这段时间里，孩子一直认为父亲早已不在人世。

当父亲回到家时，四岁的孩子躲在壁橱里，不愿出来和父亲打招呼。这些都是母亲叙述的，而且她从没对别人提过这件事，甚至都快忘了。"如果不是您提醒的话，我几乎都把这事忘了。"

日子就这么过去了。孩子现在已经十三岁了。父亲回家后的那个学年，因为他年纪还小，所以学校不要他。当时，母亲也没有上班。她在孩子面前对我说起这些往事时，孩子看上去心不在焉。

十天后回诊。这次，他的画里有一支戴着小绒球软帽和围巾的滑雪队。他们带着"光"在飞。他说那些人手上的棍杖都是火光，和教堂里的大蜡烛一样（很有可能是他和母亲为父亲点燃的蜡烛）。我问他怎么回事，他回答："我在那天死了，妈妈也是。而且我还受伤了。您看。"他给我看了他的手。他手上确实有一个很深的伤疤。我让他告诉我究竟发生了什么事。他对我说："是我把自己杀了，也把妈妈杀了。妈妈的嘴巴流了血。"我故作惊讶地对他说："你妈妈？那个在外面等你的妈妈？"他不清楚。"那你呢？你是那个死掉的？""对！对！我还受了伤。"他又给我看了伤疤。我再一次问他发生了什么事。他开始叙述："是在马车上。"说话时，这孩子不像是在对别人说话。他眼神茫然，说着和自己的图画完全不相符的话。我记得第一张画，画中有"大人们"，也许和父亲的死有关。第二张画上"滑雪的大人们"是另一件事。这时，他解释说："这是在马车上。"他竖着小指头，接着说："爸爸撞翻了一辆卡车，把我和妈妈杀了。因为我乱动。是我把马车动翻了。"

他是这么解释意外的：爸爸的小指头在雾里撞上了卡车。小指头就像父亲的小鸟。父亲有挺着的——勃起的——小指头，超过了马车的把手。（他在叙述时也竖起了自己的小指头。）为了给自己脱罪，也为了表示这场意外不是他的错，孩子提供了一个幻觉式的解释。当时，父母在马车上一定曾对他说："如果乱动的话，你会让我们摔下去。"

他认为自己死了，而晤谈让他明白，不是这个现在的他死了，而是那个遇到意外的他死了。

我带着孩子问母亲："是不是还有一场意外？一个马车上的事故？""什么？他跟您说了这个！天啊，我都快忘了！那发生在我丈夫遭遇意外之前，是十五天前。"在父亲滑入冰缝十五天之前，一家三口曾共乘一辆马车。山路上有浓雾，他们的马车撞上了一辆卡车。每个人都摔到了地上。母亲咬到了舌头，流血了。她头昏眼花，摇摇晃晃。后来，父亲、母亲和孩子都上了卡车，马车被吊起来送下山谷。他们一家人一边步行，一边等着马车被修好。孩子留下了对第一次事故的印象。

在第三次晤谈中，我建议他拿出那两张画，随后对他陈述了事情的真相。他还是一副好像没在听的模样，也不看我，眼神茫然。好像他所有的目光都是向内的，朝向自己内在深处的景象。他对我说："那不是爸爸，而是一位戴鸭舌帽的先生。我爸爸从来不戴帽子。"父亲出院回家时戴了顶鸭舌帽。在这之前，他的确从没戴过帽子。我对他说："你妈妈跟我解释过，马车出事故并不是因为你。"我告诉他，之所以发生事故，是因为父亲在浓雾中没有看到卡车，并且这次意外发生在父亲滑入冰缝之前。总之，他怀有罪恶感，而我要让他搞清楚事件的次序。

一周后，他没再过来。母亲在电话里解释说，他之所以没来，是因为膝盖突然痛了起来。事实上，孩子的膝盖发炎肿痛，非常严重。他痛得没办法睡觉，必须住院。几天后，我打电话到医院询问他的状况。他好了许多。我对母亲说："等他好转，就带他过来。即使是搭计程车，也一定得来。"

非常有意思的是，这个孩子完全从自闭中走了出来。

他来的时候，膝盖被包扎着，还是很敏感。我之前看过他器质上的诊断，知道这是必然的，也对他说起"膝盖"（genoux）①这个词，以及"我"（je）、"我们"（nous）。"我们"就是爸爸、妈妈和我。

这个治疗是我在第二次世界大战期间做的。他对我说："我想要读书写字。"当然，没有任何一所学校愿意接纳一个十三岁还不会阅读和写字的孩子。你们知道，战时巴黎学区的孩子被撤到郊区，而他幸运地躲过了。因为没有上学，他也就没和父母分开。几乎所有在巴黎以及巴黎周边地区上小学乃至初一的孩子都有创伤，因为他们常常被关在学校里，直到隔天才被放出来。整个年级所有的孩子和他们的老师——这些可怜的老师完全不知道如何管理预算——都被送到了被征收的地区，有些甚至是离巴黎一百多公里的乡镇政府，总之很远。这些地方距离巴黎三十公里至一百公里不等。到处都有人接待这些完全受到惊吓的孩子。我非常清楚这些情形，因为当时在巴黎工作的女医师们也被召集起来去守护这些学童的健康。也正因如此，我在那里见到了许多经历悲惨事故以及急性创伤的孩子。

---

① 在法文中，"膝盖"和"我—我们"（je-nous）的发音是一样的。——译者注

我近来接见了一些为了孩子而来的父母，而他们自己在童年时也受到许多创伤。他们在和我交谈时又重新体会到这些创伤，旁边的孩子则一副感到恼火的神情。而在我正式和这些孩子谈话前，他们很可能已重获健康。第二次世界大战期间，这些孩子的父母正值学龄。由于他们本身深受创伤之苦，所以在和孩子的相处上也是一筹莫展。这些父母在叙述旧事时，回忆起战争时期他们因紧急疏散而遭受的创伤。他们看到那些火车、卡车，一车车将叫喊着的孩子送走，也听到了月台上那些母亲绝望的哭声。所有的人都被带走了。有些怀孕的妇女穿着厚厚的衣服，为的是不让人瞧出她们的肚子。总而言之，不堪回首。

当时，我们积极寻求帮助这个孩子的办法。之后，我们通过图索医院的社工在乡下找到了一位义工。她愿意帮忙找寻接待家庭，也愿意找教师教这个想要学习读写的孩子。巴黎当然也有适合他这个年龄就读的学校，只不过以他的状况，没有学校愿意接纳他。他的父母没有钱，当时的社会福利系统也已完全停摆。不过，父母还是想办法寄了些钱给这个离巴黎五十公里远的接待家庭。教他的老师一个月后给我回信，说孩子十分聪明，并且因为他实在很渴望学习，所以在读写方面进步得非常快。

之后，我约见了母亲，想要知道一切是否进展顺利。一个月后，母亲带来了那位老师的信件和消息。这个孩子已经开始用书写的方式来沟通了。很快，过了三四个月，她回来看我，说儿子帮父亲找到了一份工作，这样父亲就再也不会像在工厂里似的那么"危险"了。父母去了一个离儿子不远的农场。

这个孩子在对创伤不自知的情况下，以屏蔽记忆的叙述方式摆脱了他所经历的创伤。最初的创伤出现在他后来的叙述中，也就是杀了自己和母亲的罪恶感，因为他觉得是自己让父亲在马车上失去平衡的。第二个创伤在叙述顺序上首先出现，也就是父亲的死亡。

这个孩子真的非常错乱。

孩子和父母后来又来过，希望为他未来的工作找到方向。我又和他谈到了他的创伤。在叙述时，他好像只是在回顾一桩童年旧事。"老天爷，我小时候真的很笨！"他已经学会读写了，很灵巧，也很会做农活，特别能够适应生活。

根据母亲的说法，在意外发生之前，他在幼儿园的同龄孩子中是个很会活跃气氛的人。他非常聪明，也很机灵。创伤使他完全封闭起来，失学又让他进一步处于自闭的状态。他完全没有在 IMP 接受过治疗，也从未受到任何机构、任何人的影响，整天无所事事。

也许是父亲手臂骨折的创伤让这个孩子重新想起四岁时的山难，让他对一连串事故的记忆变得非常敏感。总之，父亲工作上的意外和手臂上的石膏让大家发觉到孩子的不对劲，把他送到了精神病院。一开始他被送到圣安娜医院，后来在一位社工的帮助下转到图索。

当父母询问我关于孩子就业方向的建议时，父亲讲了自己的往事。借着这个机会，他也说了一些从未对妻子讲过的事情。二十一岁时——他住在法国南部，本身是意大利人，他想回意大利服兵役。在出发前不久，他收到一封信，信上说他的父亲想见他。他并不知道自己真正的父亲是谁。养父曾对他说："你不是我的亲生儿子。"别人也都喊他"杂种"。养父说："别管别人，让他们说去。"他的生父是法国人，在法国南部有田产。有一天，生父写信告诉他："你是我的儿子，我从来没对你提过。现在你应该快二十一岁了，有权利继承遗产。我的家人知道你的存在。你有几个弟弟妹妹。虽然没有冠我的姓，但你也是我的长子。"

这个年轻男子花了很长时间去寻找生父，等他终于找到时，却得知父亲已经去世了。不久以后，他娶了妻子，但从来没对她提起这件事。

这是个非常疼爱儿子，并且从不提起身世之伤的男人。这个饱受创伤的父亲也使他的儿子重新体验了一些事情。

这发生在战争时期，当时我对精神分析还不是那么感兴趣。这个早期案例让我理解到，即便一个孩子所叙述的和他所画的完全没有关系，也一定要好好聆听，要明白他的图画所呈现的屏忆，和脑子里另一套说辞之外的真相。孩子对他的画总是扯一些无关紧要的东西，其实这已经是内在创伤的征兆了。这些屏忆连接成串，伤痕迹象也在相互堆砌。

孩子在父亲死去这件事上受到了创伤。"我死了，可是我还在这儿。"他不知道这是怎么回事。对他来说，"死"意味着他的内心有一个"死掉"的意象。尽管如此，他还是感觉到自己是活着的。他不知道如何将这个一直以来驻留在心里的意识更好地表达出来，只能对我说："您知道，我很清楚那是我爸爸。但是对我来说，他不是那个我小时候认识的爸爸。他们不是同一个爸爸。"

创伤有着不同的形态。有些创伤属于日常生活的小事。例如，搬家可能会对尚未完全投注在他所处空间的孩子造成创伤。孩子可以在特定的房间或厕所留置排泄物——一个他和地域空间的联系——也许他已经做了，同时很难和这些场所彻底分开。这是肛欲期很奇特的类型。如果他没能将肛欲转移到其他客体上，特别是迁移到一个他不熟悉的空间，便很容易造成创伤。

前几天，我听到一件令人惊讶的事。一个刚经历了搬家的四岁男孩问我："新公寓里的爸爸是一个新的爸爸吗？""你到底想说什么？""我是说，如果公寓不一样了，那么爸爸也会不一样吗？""当然不会。""我们是全家一起搬过来的，但是，爸爸不一样了。"他一边看着父亲，一边说着由于房子不一样了，所以爸爸也不再是同一个人。他确实有这样的念头。他说的不是眼前真实的父亲，而是一个在他脑海中的象征性的父亲。或许，他期待母亲对他解释这样的改变，但她并不知道该如何解释。他没有改变对父亲的态度，只是搬家很可能毁掉了一些象征性的标记，并使父亲的形象在他内在的定位中发生了变化。对他来说，这是因为换了房子以后，屋子里的行动方位变得不一样了，他的行为模式可能也变了。一旦日常生活中的许多细节发生改变，我们的行为模式也会随之改变。因为父亲是行为举止的象征，所以如果有了不同的举止，孩子会觉得是因为父亲不一样了。

还有与母亲关系的创伤——断奶的困难是其中一个原因。有些孩子会因为断奶而失去母亲。在他们看来，母亲不再是先前的母亲了。需要做一些调解来避开这种断裂。

这肯定是起因于内在空间的问题。在喂养者的角色上，不论是母亲还是奶妈，她们都给予孩子乳房，进入孩子的身体；或是用乳汁之外的食物来喂养孩子。同样，当孩子能自己吃东西，而不用让母亲来喂时，对孩子而言，母亲也不是同一个母亲了。

创伤可能源于现实生活，就像案例中的这个男孩。不过，你们能看到围绕着这个创伤的所有幻想性工作。创伤总是代表着共鸣，也就是回应父母身上早已存在的东西。因此，精神分析必须走得更远。对孩子来说，创伤的根源在真实事件之外。当然，环境空间改变所造成的创伤不着痕迹，但又总会留下些什么。这些痕迹不会比因被丢弃而患孤独症的孩子更显著，而父亲的缺席使其内在生命就此枯萎。

对了，还有一些事。他的父母十分诧异——他们是意大利人——这个孩子在父亲回到家之前，几乎每天都去教堂为父亲祝祷。之后，他再也不和父母一起在星期天去教堂了。上帝把父亲还给了他，这让他心里很难过。父亲又回到人间了。

我和他谈了这些，并对他说："你可能是想要取代爸爸，做妈妈的丈夫。"他说："我父亲不是同一个人。"其实归来的这个父亲对孩子来说是更强大的阉割者。

　　参与者：在因意外而离家的这段时间，父亲本人是不是也有了一些变化呢？

　　多尔多：确实。在那段时间，他没办法让妻子知道他还活着。同样，他从未谋面的生父也没办法让他知道自己快死了，好让他在自己活着时见上一面，得到一部分遗产。

　　参与者：也许是通过失足，这个男人也让儿子在那段日子里认为自己死了？

　　多尔多：可能吧。由此，我们也看到主体在不同的世代中重复传递着家庭的命运。

　　我们也许扯远了，不过这就是其中一个例子。

＊＊　＊＊　＊＊

　　多尔多：再来谈谈创伤。我记得图索医院的另一个孩子，他的创伤可以说来自和母亲的关系。

　　这个家庭有三个孩子。父亲是犹太人，母亲不是，他们彼此相爱。男人来自一个人口众多的家庭，鲜与外族联姻。让她意外的是，大家对他们的婚事都很接纳。婚后不满一周，她接到了一封法院寄来的信：她丈夫因持枪偷窃被传唤出庭。他现在只是暂时假释。家里的每个人都知道这件事，大家都很高兴可以摆脱他了。"你已经成家了，我们可以不用再管你了。"结果就是，这个女人嫁了一个被法院传讯的人。他不仅得坐牢，而且要被关上好几年，禁止假释。

怀孕的她独自工作，有时会去探监，尽可能地躲开为自己感到羞耻的家人。她的婆婆十分感动于媳妇对儿子的感情，特别是对孙子的出生感到非常喜悦，认为她儿子只是运气不好。因为每个人都说，他是被小帮派利用了。他们的年纪和他的哥哥们一般大，而他信任他们。他曾是哥哥们的跟班，后来成了帮派的跟班。他的妻子说："他是一个心地善良的人，从不伤害任何人，只是不知道怎么拒绝别人。"他在帮派里只是盲目跟从者，算不上什么角色，只是做些跟梢、跑腿的事——被动犯罪。他就是这样被逮住的。他本以为可以得到点甜头，却被堵上了，而真正犯案的人早已逃之夭夭。

他被判了十年，但逃了出来，和妻子又有了一个孩子。后来，他又遭到逮捕。因为除了妻子的家，他不知道还能去哪儿。由于亲戚朋友的帮忙，也可能是因为帮派（他们多少还是帮了些忙），她有个住的地方。

这个男人很爱妻子和孩子。即使被关在监狱里，他也还是要看到他们。她则生活艰难，丈夫的兄弟也都围着她打主意。她丈夫是个累犯，常因为一些蠢事被抓。

我没见过这个男人，不过社工撞见过偷跑回家的他。他声称自己实在是太想念孩子了。后来为了不让他知道孩子的去处，法院把孩子安排在保姆家。总之，这是个软弱愚蠢、没受过教育的人只能屈服于帮派的社会悲剧。

妻子后来没了工作。起初她做打扫清洁，但是赚的钱不够养孩子。而且她独自一人，家里没有人理会她。她解释说自己只好去当妓女，至少这样可以养活自己和孩子。

孩子的创伤并非源于成为罪犯的父亲。他见到父亲时总是非常开心。在治疗中，他的创伤记忆浮现了出来。男孩在班上没办法学习，甚至停止了发育。他到八九岁时就不长了，有两个很漂亮的弟弟。我见到他时，他的个头比同龄孩子小很多。晤谈时，他画了些没太多意思的图：一些圆形花饰和缺了一截的胡萝卜。他就画这些，没别的。他说话说得还算不错。他说在学校里没办法学习，因为脑子记不住东西。除了一些关于心爱的父亲的事情之外，他几乎没有任何记忆。

他做了两年的治疗。是 OSE① 把他送来我这儿的。我们都不知道如何处理这个快十四岁的男孩。他看起来像十岁，什么也不会，只有性情还不错。他当时住在一个保姆家。

有一天，他终于和我谈到了创伤记忆。我用他画的那些不成形的图画问他："这些是什么意思？你总是画些缺角的胡萝卜。这里面是有一些意义的，你好好想一想，下回告诉我。"长久以来，我始终坚持象征性付费。他每次都有付费，也非常愿意过来。有一次，他谈到了圆形花饰。"我想那是张桌子。保姆家有张桌子。"之后，我们谈到有些人去保姆家吃饭时说他的母亲是"坏女人"。他不知道"坏女人"是什么意思。

---

① 第二次世界大战后针对犹太儿童心身障碍的照顾机构，之后扩展到非犹太精神病儿童以及社会问题儿童。该机构针对十四岁以下的孩子，试着为其奠定身心基础，避免他们一生都住在精神病院。——译者注

听了我的解释，他说："每回她来的时候，我都很想躲起来。她脸上涂着很厚的妆，每个男孩都在笑她。"她穿着不合时宜的裙子，在乡下没有人会这么穿。（她穿着"上班的衣服"来看儿子。）小男孩局促不安，因为他非常喜欢自己的保姆。

有时他会去另一位保姆家看望弟弟，更小的弟弟则住在很远的第三个保姆家，他因不能去看小弟弟而非常伤心。

当重新想起"坏女人"这个词时，他也记起了保姆家桌前那些人的名字和他们的亲戚关系。"啊！这是那个女孩的丈夫！""那个女孩，她叫什么名字？""我不知道。""你知道的。"我坚持道："你一定知道。""您怎么确定？""我晓得你是知道的。""对，没错。"于是，他很认真地一个个说出他们的名字。当开始从那些蔷薇花窗说起时，他又想起了其他事情。他理所当然地参加了村里的受洗聚会。"因为我没有受洗，所以不能领圣餐。""为什么你没有受洗？""我不知道。"在保姆带他们去教堂时，他会为"可怜的爸爸"点上蜡烛，不过从来没有为"可怜的妈妈"点过。

他完全想起了这些往事，并且与母亲和好了。她是个聪明的女人，也很不容易地换了工作，目前在一家裁缝店。父亲还是被关着。唉，他总是忍不住冒着危险逃回来看望孩子。他本来只剩下两年的牢。社工也曾到法庭上作证，来帮他减刑。法官只能说："他实在太笨了！"对这个我从未谋面的男人，我只能说："算他倒霉！他太蠢了！"

父亲也受过创伤，第二次世界大战后，非常年轻的他受到哥哥们的监护，后来又受到一些比他大的坏孩子的控制。他妻子说："他是个十分正直、善良和诚实的人。"他对孩子们也非常慈爱。

在倾吐了所有的往事后，这个孩子对我说："说完了，我已经好了。"他觉得自己找回了全部的记忆。这就是一个受到创伤、记不住任何东西的孩子。即使尽了全力，他也没办法留在学校里学习。从小他就听到别人说自己的母亲不是好女人——所以这是个"很糟糕"的字眼。看到所有的男孩都因为母亲浓妆艳抹而嘲笑她，这让他感到羞耻。

对学龄期孩子而言，因父母而感到耻辱是真实的创伤，特别是当他还不知道原因，也没有人跟他解释父亲落入了怎样的陷阱时。父亲要么是"刽子手"，要么是"可怜的爸爸"；母亲则是众人口中的"坏女人"。他觉得那都是被大家也就是被社会唾弃的说法。

我认为，学龄期孩子的创伤可能来自社会对其父母所做的投射。因为在俄狄浦斯期，孩子需要为父母感到自豪，并以他们为荣。除了爱父母以外，他也需要有荣誉感。

＊＊　＊＊　＊＊

多尔多：第二次世界大战时，在一个有七个孩子的家庭里，有个孩子受到了创伤。在这个案例中，孩子是独自来治疗的。母亲和他的病因没有一点关系。他在两个月大时，有四天处在饥饿的状态中，差点因脱水而死。被救活后，他变得发育严重迟缓。事实上，他的创伤来自"内在母亲的逝去"。他差点死掉，后来也没能顺利地恢复。他的母亲十分担心被关在战俘营里毫无音讯的丈夫。这个孩子在家里排行老六。父亲回来后，家里的第七个孩子出生了。新生儿的出世促使这个智力发育迟缓的孩子完全成了精神病患者。

这个受创的孩子把自己认同于狗。他借由对狗的认同来述说自己身上的冲突。在他的图画中出现的人从来不会是他自己，直到有一天，他把自己画成一只站立着的狗，解释说："他摔倒了，因为有颗石头在这儿。"他指的正是胃的位置。他边说话，边用手指着自己身体的这个位置。

到底是谁在孩子两三岁的时候死去了呢？是当时对这个野孩子宽容关爱的园丁吗？他那时只会吼叫，不说话，是个不折不扣的野孩子。

战争期间，这个家庭十分不容易。母亲为了养活孩子什么活儿都做。撤离的时候，男孩还不足十五天。母亲渐渐没有任何奶水了，在撤离的路上也找不着任何吃的，甚至连水都没有。她在医院守着垂死的小儿子，被迫与其他四个孩子分开：一个五岁的孩子被托给另一个家庭照顾，三个较大的孩子独自跟随红十字会。这真是个悲惨的故事。每个人都经历了极大的恐慌和焦虑。

那又是什么造成了这个孩子的创伤呢？他把自己当作对他很慈爱的园丁的狗。是园丁在照顾这个异常的孩子。他不用手吃东西，而是趴在地上吃东西。这实在非常错乱。这就是为什么我说他是"野孩子"。

治疗期间，他能够画画，也能用胶泥捏些东西，或者说点话，虽然说得很不好。他一开始把自己当成狗的主人。后来老人在被突击时死了，孩子就留在了死去的老人身旁——就像那只狗一样。我们不清楚他待了多长时间。母亲在隔壁的村子里照顾其他孩子，晚上回来时发现老人身体已经僵了，孩子还留在那儿。夜深了，孩子在园子里围着死去的老园丁打转。

他以一种诡异的方式来解释死亡——他就是"从窗户掉下去的罗伯"（罗伯是园丁的名字）。而且，他的腹腔里有颗石子。他是这样来解释自己的创伤的，也因此而治愈。幸好有母亲的叙述，我才能对孩子说清楚真相。倾听了孩子的叙述，我也询问了母亲一些她几乎已经忘记的细节。事实上，当开始治疗时，孩子已经九岁了。

我从未见过他的父亲。他们住在离巴黎很远的村子里，父亲没办法丢下工作。再说，只有这个孩子有精神病，其余六个孩子都非常正常，所以他们好像已经把这个儿子当作没了。其实这个孩子只是在开始学习时有些迟钝。后来他开始说话，不再是野孩子了。

他身上存在两种认同：对动物的认同和对一位死者的认同。我认为对死者的认同是非常有帮助的。因为只有借着对死者的认同，他才能在这个从窗口掉落的死亡创伤中活过来，也就是从母亲生下他大概两个月后，被迫断奶，差点因脱水而死的这个创伤中分离出来。他能因此重新经历这个和死亡创伤连在一起的原初创伤。

他曾经是个在母亲怀抱中垂死的孩子。他就在这种情况下，在医院里待了八至十五天。医院也表示："不确定是否可以救活他。"最后，他还是被救了回来。但是对于那些他所遭受的，他没办法将它们象征性地表达出来：他周围每个人都在谈论他的死亡，而母亲在那种情形下不得不准备接受他的死亡。

再者，母亲也因为奶水不足而深感愧疚。其他孩子都喝过奶，但是在逃难时她没有奶水了。她没有东西可以吃。即便有那么一点吃的，她也全给了其他孩子。

这孩子确实需要精神分析。

参与者：但是，您仍然需要见那位母亲，与她交谈。

多尔多：当然！否则，光是凭着一些孩子在异化认同中不合常理的表达方式，我们没有能力去了解真相。不过，多亏了孩子能够清楚地说出对他非常慈爱的园丁的名字，这才让一切都变得清晰。那个时候，他的彼者，他的分身双胞胎，就是那只狗；母亲，就是那个园丁。这个孩子不能像同龄孩子那样发展，只能把自己投射在这位对他有些温柔慈爱的老人身上，和他一同扫着枯叶。

创伤儿童的案例确实存在。这些遭受创伤的孩子都需要完整的个人分析。其他孩子，要做的是关于肛门—口腔、肛门—肛门以及肛门—生殖器情境的精神分析。对于受到创伤的孩子来说，精神分析有其必要性。

第三章　彻底完成治疗

因治疗中断而以身试法的孩子——智力发育迟缓的母亲

多尔多：治疗学习迟缓的孩子时，应该超越症状，并彻底完成治疗工作。我记起一个未完成治疗的案例。案主本身有了些变化，也跟得上学习进度了。他很聪明，但是母亲除了叫他闭嘴、吃东西以外，什么话都不对他说。他的治疗到青春期就中断了。因为父母不赞同，所以他没再回来。在他开始能跟上学习进度，父亲也不再为了考试成绩不好就抽他屁股后，父母就停止了他的治疗。父亲为儿子感到自豪，母亲则是一如往常地表现低能。

这个孩子后来成了不良少年，甚至都上了报。我在医院见他时，他才八九岁——智商110。监狱的心理师说，十二岁以后他的智商已经达到145。他在成长过程中慢慢远离了家庭，没能在自己的环境里让驱力有所升华，也没有解决俄狄浦斯情结，年纪轻轻就混进了帮派。

我们让他变聪明了，而这个男孩却这么糟蹋自己的生命。早知如此，还不如保持当初的平庸呆滞。他从来没有要求过什么，也没有想要做治疗。他来，是因为教师以及父亲在某种程度上的坚持。

这个案例带给我很多反思。"到底我们要做些什么，才能让这个孩子以另一种方式建构自己的驱力系统？"倒不如接受他"像被打蒙了似的"呆头呆脑的样子，让他通过与同龄孩子的交往获得升华口欲和肛欲驱力的可能性。家里有人可以成为他的榜样，对他完成象征性的阉割。他本来是可以像父亲那样，成为一个男人去工作的。他的母亲之所以如此愚蠢，应该和她本身的创伤有关。这是一种神经症式的愚蠢。没有人是天生愚蠢的。人的愚笨无知都属于神经症。我指的不是教育。教育和一个母亲能不能聪明地和孩子说话，对他说出自己的想法是没有关系的。总之，她就像呆滞无神的大型哺乳动物，是个只有死亡驱力的女人，是一具躯壳。奇怪的是，这样的母亲竟然会有如此聪明的孩子。

他很明显地把自身男性情欲的驱力集中在我这个女人身上，接下来又因为治疗的中断，在移情中从我所代表的意义中分离出来。而且，没有人继续接手对他的教育。可以确定的是，心理治疗不仅让他变聪明了，而且促使他以身试法。他所处的复杂环境使他成了持枪偷窃的帮派头头。在这方面，我是有责任的。

参与者：在怎样的道德层面上，您觉得自己有责任呢？

多尔多：在升华的考量上，应给予仍处于潜伏期的孩子以尊重。这一点我难辞其咎。青春期时，这个升华能够让他的驱力处在父母所允许的范畴内。他过早被社会气息感染了，又缺乏父亲形象的支撑。

参与者：您似乎不认为母亲有可能摆脱她的愚蠢？

多尔多：这是不可能的！她甚至都不愿意过来，也根本不想了解为什么儿子的状况有所好转。这些对她来说完全无关紧要。不是母亲也不是父亲，而是学校在单方面关照这个孩子。

参与者：就像这个案例一样，您是否认为有时精神分析很敏感，会被拿来和犯罪型社会功能做比较？

多尔多：事实上一向如此。精神分析是非常笼统的。在上述情况下，我就是那个自以为在做好事的混蛋。

参与者：我指的是马克思所说的"犯罪的社会功能"。例如，罪犯犯下罪行，就如同工厂生产工业制品。

多尔多：这是个挺好的形容。能这么说是因为我们是自由的，没什么可顾忌的。不过，当我们觉得对一个被关在监狱里，煎熬地度过他生命中美好的十五年岁月的人负有责任时，这又是另一个问题了。我认为他如果像父亲一样留在柜台工作，即使没有发展，也还是可以抚养下一代的，这可能会更好。对一个日后缺乏支持的孩子，我们可以过早进行将要走得很远的精神分析吗？这是精神分析家应该思考的问题。

如果之后有可能继续对这个孩子做心理工作，而且除了父母以外，他也遇到了一些在他成长过程中支持他、鼓励他的人，而不是非得和一群像他一样聪明却已经反社会的伙伴（因为他们的驱力在象征性和阉割的过程中缺乏支持）在一起，他就能从这个困境中脱身。因为，不管我们怎么聪明，如果没有职业，没有文化环境，我们就不能忍受自己一文不值而那些蠢货的身边却总有女人！不是吗？这是不可能的。聪明的男人是应该有女人缘的。但是为了这个，他得有钱，所以得有份工作。这就不太容易了。我们如何帮助那些连父母都无法为他们的创伤做些什么的孩子呢，再加上周围的环境没有为他们提供任何支持？

参与者：这个孩子虽然是被学校送过来的，但如果他做了精神分析，那就表示他有欲望这么做。

多尔多：我不确定。首先，在当时的环境下，那是心理治疗而不是精神分析。精神分析走得更深远些——这正是他所不能的。他是被社工带过来的，而社会福利的工作是要看到成效的。"对一个在班上成绩名列前茅、被老师喜爱的孩子，您为什么还不放心呢？"老师从他那里对我有了移情，所以每个人都非常满意。

这样的案例确实值得大家思考。幸好，我们在其他类似的案例上有完全不同的结果："和所有人一样，你在犯错误的同时也做了一些有益的事。"尽管如此，我们还是要想到，一些不知道为什么必须来做治疗也从不要求什么的孩子，最后可能成为其他人对精神分析移情的客体，并且为此付出代价。

在这点上，可以稍微回到你前面所提到犯罪的社会功能，或是严重的违法事件。当然，他们是文明伤痛的表象。身为治疗师的我们也深感苦恼。也许是由于和我们接触并接受治疗之后，不能在发展的过程中得到应有的帮助和支持，他们才最终走上了犯罪这条路。从这方面来说，我们难辞其咎。

* *　　* *　　* *

多尔多：我记得有个八岁的孩子，他在上小学之前没有什么问题，后来却状况严重。由于他非常苍白，也很容易疲倦，我们以为他有白血病，就带他到处寻医。但是他没有任何器官上的问题。他的画有一点很特别，所有的东西都是被埋着的：房子被山丘包围着，或是被压在地底下。他把自己埋了起来，而房子代表主体自身。

母亲家世很好，但是智力发育迟缓，是个孤儿，由祖母带大。父亲工人家庭出身，家世清白，不像母亲家那样有一定的社会地位和背景。祖母对孙女的年轻追求者保持沉默。这个年轻人认为女孩喜欢他，而他想要通过娶她来提高社会地位。这没什么不对，只是女孩本身没有任何判断能力。她父亲死于第一次世界大战，母亲在她出生时就去世了。她很善良，很有教养。她喊妈妈的那一位其实是她的祖母。她是被祖母抚养成人的，也就是这个孩子的曾外祖母。这位曾外祖母带着七八岁的曾孙来看我时大概七十五岁。

她是个聪明人，对于这桩婚事的看法是："为什么不呢？"

但是，孩子一出生，这对小夫妻就过不下去了，因为年轻的母亲不知道如何担起自己的责任；丈夫那边婆婆也不愿意照顾孙子。她认为媳妇娘家有钱，所以不愿意来照顾孩子。

所以，问题是当母亲没有能力照顾孩子时该怎么处理。孩子的健康出现一些母亲智能不足导致的小毛病。

曾外祖母意识到："该由我来照顾这个孩子。"她首先想到的是："找个女仆来解决这个问题。"孩子的父亲因此离开了家，因为他不愿意自己的儿子被当作资产阶级抚养。工人家庭出身的他不想家里出现女仆。父亲的母亲偶尔会来家里帮忙，她自己也有工作——一份很好的工作，经常需要出差。

最后，父亲走了，年轻的母亲又回到了祖母家。这个十四个月大的孩子就这样和智力发育迟缓的母亲以及女仆住在曾外祖母家里。正直的女仆把家里收拾得很好。对她来说，照顾一个这么大的孩子绰绰有余。孩子的母亲和老太太在一起时，也像个小女孩。女仆还会教她该对孩子做些什么，因此孩子在头几年被抚育得不错。

孩子五六岁时，母亲的状况起了些变化。这个单纯的智力发育迟缓的女人需要另一个男人。对她来说，只有孩子是不够的。在这之前，她带孩子出去散步，回来时说："啊！我在公园里遇见一位先生。他说我很可爱。"总之，她完全就像个小女孩。

后来，女仆和祖母对她说："那么，听着，请他到家里来坐坐吧。"当这位先生来家里拜访时，他们发现完全不是那么一回事。这个男人只不过是在搭讪而已。她身上不乏这类小的风流韵事。直到有一天，她真的开始需要男人了。这是她的祖母对我说的。当时，母亲离开了家。祖母设法帮她找到了一个小小的住处，这样，她就不用在家里睡觉了。之后，我们偶尔会见到她。幸好，她的教母有时会去照顾她。年轻的母亲就这样一点点地和孩子共同成长着。

小男孩偶尔才能见到母亲。她疯疯癫癫地来看儿子，不带一点激情，也没有一丝依恋。她是个社会边缘人：一个单纯的智力发育迟缓的人，无忧无虑地过日子的人。之后，她和同小区的一位先生开心地住在一起。

当从孩子的梦里了解到他对曾外祖母有一天可能会死这件事充满焦虑与不安后，他的问题经过四次晤谈就被解决了。他梦见自己醒过来，发现曾外祖母死了。他之前就已经十分担心。他告诉我，梦中这位妇人的死曾经发生在他的身上。在他五岁时，家里的老女仆去世了。她和曾外祖母同龄。他也是在那个时候去上学的。起初他状况很好，在曾外祖母安排的附近教会办的少年之家上学，结交了许多朋友。她认为："他最好是去神父办的少年之家。虽然我没有宗教信仰，但是这孩子没有人可以依靠，他只能去那里。在那里，有人会好好地照顾他。"而且，他也可以因此参加夏令营。

曾外祖母曾试着和孩子的父亲联络，但是后者毫无音讯。后来我们才知道，父亲在孩子两岁大时，曾想把他接到自己身边照顾。

我见到这个孩子时，他正处在身体机能日趋衰败以及心智昏沉的状态中，和他一起进行的工作是理解他对曾外祖母死亡的焦虑。因为在这个世界上，除了她以外，他没有任何依靠。我对老太太说："您去帮他买本通讯录，带他去公证处。"我们向孩子解释了公证人是什么，他完全能够了解这些。"公证人会对他解释遗产继承的意义，您这儿可以给我他父亲的住址，以及与他母亲同居的那个男人的住址。"孩子对母亲的感觉无所谓"正面"或"负面"。他喜欢母亲，只是不会想念她。好几次我都试着要见他的母亲，但总是见不到。她完全不明白为什么需要和我见面，只是对祖母说："你把他照顾得非常好呀！"

最后，曾外祖母去见了负责少年之家的神父，对他说明了状况。他们一起跟孩子解释说，万一曾外祖母过世了，他可以来找神父。神父会照顾他，也会帮他在教区内找到安身的家庭。而且，他自己之前也交了一些同伴，没什么好担心的。

晤谈时，我们谈了曾外祖母去世的可能性。很快，孩子在学业上突飞猛进。曾外祖母在那之后又活了四年。他升上了初一，非常优秀。当时，他父亲曾写信给曾外祖母，说："我之所以没有给您任何回应，是因为和您的孙女离婚后，我遇到了不少困难，需要重新开始。后来我再婚了，住在 L 城，有了一份工作（他是主管，也算比较成功）。您现在应该年事已高，您的孙女有再婚吗？如果您愿意让我来照顾儿子，我已经做好准备，会亲自来接他。若是要留在您那儿，就由我来负责他的生活费用吧。我没办法给您很多，但我诚心诚意想这么做。"他还给她寄了他及家人的照片。

　　曾外祖母拿着照片来问我："我该怎么做呢?"她还没有跟小曾孙提起。我说:"应该让他回到父亲那儿。也许这就是他该做的。"虽然我只见了孩子几次，但我们谈过他的父亲。曾外祖母对我说，他是个有担当的人，只是他的生活一度陷入困境，在社会上走投无路。

　　后来事情是这么解决的:孩子写信给父亲，说他放假时会去他家。我后来有再见到他。父亲希望他继续升学。曾外祖母去世时，他决定搬去父亲那里。

　　在这个故事里，对于孩子来说，转折点是在法律面前对自己负责。"如果只有我一个人活在这世上，我该怎么办?"这是真实存在的问题。

　　我们从这例个案中得到的重要收获是，当面对一个处在潜伏期的孩子时——即使实际年龄并不在潜伏期，在接受只会将幻想放在台面上的心理治疗前，必须让他面对自己的现实问题。这个现实就是，万一有不幸发生，即使举目无亲也可以不依赖他人。对一个人来说，这个现实就是对自己的责任。如何不成为他人的客体对象?在谁的监护下才能让生命继续前行?为此，人必须处在生命潜力的条件下发展。我认为，在面对七八岁的孩子的治疗请求时，我们不可以忘记这点。不只是去了解孩子的幻想世界并思考那些可以有所改变的东西，也应该提出问题:"他的现实环境如何? 如果有事故发生，将会带来什么变化? 如果明天有不幸发生在他身上，那么谁可以对这个孩子负责?"这些必须让他知道，应该当面告诉他。有时，我们只需要把他升华自己驱力的权力归还给他。

当然，如果处在火山口上，我们是不能运用这样的升华的。当知道形势将会恶化时，我们没办法安心地和孩子一起工作。只不过，对无法言说的事，孩子会以自己的状态表现出来。在童年尾声的潜伏期，他还不知道如何翻开生命的另一页。

第四章 退 行

"我爱上了你的母亲"——变相模仿的乱伦——胎儿的心音和摆动——爱上哥哥的弟弟——孱弱的孩子：假设未知的大他者

多尔多：我要引述一则关于精神分析人类学的故事。我们可以就其理论观点来做讨论。

有个五岁的男孩，他有个十岁的表哥。有一次表哥到小男孩家做客，他们睡在同一个房间。晚上，小男孩做了一个可怕的梦。人们怀疑他脑神经错乱，没办法将他从惊吓中安抚下来，也寻思表兄弟之间可能发生了什么。小男孩话说得还不太好，不能清楚表达事情的经过。他在做了这个恐怖的梦后就跑到了父母的床上。父亲把他哄睡了。

两周后，母亲问他："你做了什么吗？""没有。""表哥说了什么吗?""嗯。"他把事情的原委告诉了母亲。十岁的表哥对正处于俄狄浦斯期的小男孩说:"我爱上了你的母亲。"就是这句话让小男孩做了噩梦。为什么呢?因为十岁的表哥在五岁小男孩的眼里是理想的自我,而五岁的孩子已经有了俄狄浦斯阉割的概念,知道自己不能爱上母亲。当这个被他视为榜样的大男孩对他说"我爱上了你的母亲"时,这样的话唤醒了沉寂在他内心中的幻想:"我要像他一样,所以我要和他爱上同一个人,但那个人是我妈妈。"这最终让他内心崩溃,做了很可怕的梦。

值得庆幸的是,父亲表现得很好,把儿子带到了自己身边:小男孩只有在父亲旁边才能够安心入睡。如果说小男孩需要两周才能把事情讲出来,说明他需要和表哥的话有个分离,正如要和他自己有过的幻想有个分离。

在这个故事里,正因为男孩年纪还太小,所以对他而言,父亲同时处在父爱与母爱的位置上。把孩子放在父母床上,同时让孩子靠着自己睡,这能让孩子重新认同给予自己阉割的父亲。

至于那个已经脱离尴尬乱伦情感的十岁男孩,他和表弟说出自己喜欢上他的母亲,这说明他处在异性恋的关系里。相对于自己的母亲,表弟的母亲并不是被禁止去爱的对象。

你们可以看到,对一个这么小的孩子说出这样的话会造成多么大的创伤冲击。为什么呢?因为这个理想自我 ——比他年龄大的男孩——用话语还原了小男孩之前被压抑的幻想。就是这个在现实中样样都比他强的理想自我,教会了他许多身体的真实面，以及面对现实的适应能力。他用话语重新燃起了小男孩的幻想。小男孩喜欢大哥哥，要和他做一样的事。因此，这个幻想就像是"做"了似的。乱伦的悸动唤醒了他，也造成了创伤性冲击，因为这是他三岁时有过，但在五岁以后就被禁止的行为。这造成了他的退行。

我们由此看到两个孩子之间的微妙关系。对这个大男孩而言，当然可以爱一个不是自己妈妈的母亲，这个欲望可以帮他解决俄狄浦斯情结。

年少时，我看一个因和母亲在过家家时结婚而受到创伤的孩子。他迅速变成了令人讨厌的小鬼，拒绝出现在集体照上。他不想再被看到。我知道他从前的模样。我的年纪比他大，当时差不多十二岁。

这个五岁的男孩和母亲玩过家家，那天是男孩的生日。他的朋友和我们都来帮他庆生，也扮演伴郎、伴娘。这是在花园里举办的化装舞会。母亲也戴上了白色的头纱。在此之前，这个孩子和其他孩子没有什么不同。但从那一天开始，每个人都觉得他变成了讨厌的小鬼，不知道该拿他如何是好。

当然，母亲能和儿子玩这类幻想游戏，这也说明她本身就是病因。虽然这只是在演戏，不过每个人都注意到了这对母子做作扭捏的"婚礼"。

一个成年人可以和孩子玩任何游戏，但是绝对不可以——特别是和父亲或母亲——假装结婚。小男孩原本可以和那天任何一个来做客的小女孩扮演夫妇，为什么不呢？

在成为精神分析家后，我明白了为什么这个孩子会突然变得错乱。当然，这是个游戏，但是所有小朋友都参与其中，就像是个社交场合，有餐饮，有男傧相，简直就是出心理剧。然而，一出心理剧是不会让孩子真实扮演他的角色的。

我记得好几年前有部电影——我没有去看——是关于乱伦的，叫什么来着？

参与者：《好奇心》(Le Souffle au Coeur)。

多尔多：是的，我记得用餐的时候每个人都在谈论这部影片。它成了被长期谈论的话题，似乎乱伦本身并没有让人们震惊。于是，我问："如果演员在真实生活中是一对母子，你们认为影片还会这么演吗？"答案是："当然不会！""那又如何？"当时，大家知道这只不过是幻想，但也有很多人情愿相信幻想有实现的可能性。如果真像影片表现得那么美好，我们为什么不修改法律呢？他们问道。

在社会对乱伦幻想的观感上，这部影片提供了一个新的尺度——几乎所有人都看了这部影片。人们其实都有过乱伦的幻想。这个幻想在电影里实现了，结局也是好的。事实上，我们想要问的是：若是发生在现实中，结局也会那么好吗？

成年人很难区分电影中的幻想与现实之间的差异。我就是这个样子。如果是悲剧，我就会在电影院里哭得跟个泪人似的。这是我极端的一面。电影能唤醒我们内心深处的幻想。我们在哭的时候释放出真实的激情。对于导演来说，最难的是触动情感，是去制造悲伤或愉悦的效果。但电影终究只是幻想。

幻想以这样的形式来实现，给观众提供了亦真亦假的空间。多少人穿梭在银幕前寻求当下的感受。视觉驱力借着银幕触动着观众的内心。

我相信孩子比我们更能抵御幻想与可能之间的混乱，正因如此，他们常在看电影后做噩梦。人们常说，应该阻止孩子看那些会让他们做噩梦的影片。做噩梦其实正代表着防御。

＊＊　＊＊　＊＊

参与者：一个六个月大的婴儿不停摇晃，这是严重障碍的征兆吗？

多尔多：这是处在困境中的征兆。孩子觉得无聊。所有的孩子都会在觉得无聊时做这个动作。六个月的孩子摇晃是正常的，并不表示说他一辈子都会这样。

我正在为一个六岁的小女孩做心理治疗。这是个被抛弃的孩子，直到四岁半到收养之家时，她还在不停地摇晃。她现在一点也不这样了。这个孩子聪明可爱，但在最后一个寄养保姆家，由于保姆比较偏爱她的弟弟，小女孩觉得自己完全被抛弃了。从那以后，她就整天这么摇晃着。当时，她并没有被带去做心理治疗，直到六岁才来。幸好有收养之家的辅导员照顾她，即使她不停摇晃，也不让她独自待着。有人会和她说话。慢慢地，她恢复了六岁孩子应该有的状态。现在之所以将她带来我这里，是因为在这个中途之家，没人知道如何阻止她退行。这个孩子在第一个保姆家有退行的现象，在第二个保姆家也一样。三岁半时，她被安置在第三个保姆家。每次的变动都伴随着严重的退行，但前两位保姆并没有对她弃之不顾。她就这么一个接一个地换保姆，又幸好有保姆的照料，才没有出什么大问题。到第三个保姆家时，她已经把自己搞得乱七八糟了。大家都束手无策，不知道该怎么办。他们想，也许应该在把她送到精神病院之前，先把她安置到另一个地方看看。

在那里，她停止了经常性的摇晃。她开始说话，最近为了做心理治疗而来到心理教育中心。人们希望她不再依赖照顾她的人。自从停止摇晃后，不管在哪儿她都很黏人。要不就是拉扯，拽着人家的裙子纠缠。她其实已经可以做些简单的家事了，像是摆碗筷、洗碗，只是得有人一直陪在她身边。

在这种情况下，我们不确定能不能让她去上学。学校在村子外面。也不可能再把她放到另一个保姆家了，因为她太敏感，也太脆弱。除非有熟人和她在一起，否则她会重新跌入谷底。她就像仍处在胎盘中。虽然不再摇晃了，但是她依旧需要依靠着一个像胎盘的人——不仅以退行，也以话语为依附的胎盘。令人惊讶的是，她的发音以及话语表达都非常好，并且非常渴望做心理治疗。

这个摇晃就像胎儿心音钟摆的节奏，有时伴随着"吭吭/吭吭/吭吭"的声音。也许这是在子宫里钟摆节律最微弱的象征，然而又有回声的传导，所以可能不在子宫里。骨盆的律动也不在子宫里。胎儿的心律比儿童的心律快，两者相互呼应。这个孩子在旁人的陪伴下发出"吭吭"声，是为了重回胎儿的生命状态。在子宫里，我们并不知道自己独自一人。回溯来看，伴随着胎儿的应该就是这个"吭吭/吭吭/吭吭"的声音。我们不知道胎儿能否听到母亲血液流动的声音。

这看起来很严重，但可能也没什么。当看到这样的行为模式时，我们会做出智力发育迟缓的判断。不过，也许他是一个特别聪明的孩子。他处在难以承受的孤寂中，在无所依靠的自恋状态中，准备快速恢复和同龄人一致的身体图式，即使其身体意象还没能和他人分离。

＊＊　＊＊　＊＊

多尔多：我在图索医院看过一个孩子，他如果不摇头晃脑地发出"哝哝哝哝"的声音就没办法入睡。家里有很多孩子，他总是和不同的人住，因为兄弟姐妹都受不了他晚上发出的声音。家人只好稍微把他摇醒，这样他就会停止发出声音。不过只要一睡着，他就又开始了。

我治疗过大他九岁的大哥，那时他才刚出生。大哥后来离开了家。从那个时候起，他就开始那么嘟哝着哼哼。大哥对这个弟弟非常贴心，每晚都晃着摇篮哄他睡觉。这是在第二次世界大战时期，因为没有足够的粮食，家里这个最大的孩子被迫离开。他去了乡下的亲戚家，那里有奶油和面包。

后来父母来看我，这次他们是为了小儿子，也顺便办些其他的事情。

这个男孩已经十四岁了，在学校里表现很好。不过，现在他什么都做不了了：他很害羞，也不想再去上学，理由是他有个同性恋的老师，而且这是大家都知道的事。这是一位非常优秀的教师，下半身残疾，脸上有妆。校长写信给我，请我一定要帮这个孩子，也特别提到在学期一开始的时候，这位老师几乎让所有学生都遇到过类似的问题。校长对他们解释说："一个身体残疾的人需要用其他方式进行补偿。"这位男老师把粉盒放在讲台上，上课时也会补妆。在班上，他有一两个特别喜欢的学生。校长说："他并没有给这几个学生特殊待遇，也不会随便给他们加分。他是很优秀的教师，但所有的学校机构都将他拒之门外，不愿意要他。我在他年轻时就认识他了，他当时就非常有教学能力。他因为意外失去了双腿，如今装上了义肢。"那场意外无疑加剧了他的同性恋倾向。

我见了这个男孩，开门见山地讨论了他的老师。他是那位老师喜爱的学生吗？显然不是。如果老师喜欢的学生有好的成绩，他会认为那不公平。

其实，问题的背后是他和哥哥的故事。在他小时候，哥哥一回家就会抱他——他偶尔会从乡下回来。也就是说，在他还是婴儿的时候，他是这个大他九岁的哥哥的宝贝。

在大哥结婚时，他有种近乎病态的悲伤。这发生在他不想去学校前。这是他的倾向——我们甚至不能说他的"同性恋倾向正燃烧着"，而是他和母亲的替代者，和一个自我内在联盟者分离的痛苦。母亲有其他孩子，她对我说："老大可以贴心地照顾弟弟，这实在太好了，也让我轻松了许多。"所以，从六个月起他就固着在大哥身上，问题亦由此形成。

我们分析了他面对同性恋老师时的冲突，以及大哥结婚时他怨恨的情绪——他一点也不喜欢嫂嫂。他甚至试着劝说哥哥，说自己曾经看到他的未婚妻和其他男人在一起，所以除了哥哥以外，她一定有其他情人。这也造成了哥哥和未婚妻之间的矛盾。随后，哥哥对他的感情冷淡了许多。后来，哥哥和未婚妻结婚了。我问男孩："你说的是真的吗?""不，不是真的。我只是不想他和那个人结婚。"他觉得内疚，有罪恶感。

他在不知不觉中爱上了自己的哥哥。得出结论后，这个从他六个月大时就有的毛病消失了：从睡眠中发出的"哝哝哝哝"，要表达的就是对大哥离去的"不不不"。他从小就在以这种方式对大哥这个在母亲之上的辅助性自我的抛弃说"不不不"。那时，哥哥是母亲的替代者。然后，他不见了。晚上哥哥不在他身边摇着摇篮哄他睡觉，他就自个儿摇着自个儿睡觉。哥哥的离去给他留下了同性依恋的软弱，幸好发生了孩子因行为乖张的老师而不能继续上学的事故。

治疗并没有花很长的时间，因为基本上是他对大哥同性恋的固着，再加上缺乏对周遭其他异性恋的投注。在课业学习上，他只专心投注在一门学科上。他喜欢数学，而那位老师就是教数学的。老师使他的学习被限制住了：他开始对数学一窍不通。老师对此也非常苦恼。他是个富有戏剧性的同性恋，学生们都觉得他很有趣。家长也都知情，他们知道他不但"很有趣"，而且是位优秀的教师。

＊＊　　＊＊　　＊＊

参与者：教师该如何面对班上有残疾的孩子呢？

多尔多：教师在学校可以把只有一只眼睛的孩子教得很好。他周围除了家长，没有人会说什么。当然，不要对他说因为只有一只眼睛，所以他没办法看到另一边有什么。我们只需要对他说："把头稍微转过来一点，你会看得清楚些。"我们不能对他说："你只有一只眼睛，你看不到另一边。"

参与者：但是他清楚自己的残疾。

多尔多：他多少知道些，但经常是我们并没有对他说明原委。

我想起一个生下来只有一只胳膊的小女孩。在没有胳膊的那一边，她的肩膀上长着两根吊勾着的小指头。这个案例是我在图索医院见到的。女孩没去过幼儿园，因为母亲不想让别人看到女儿的残疾，而幼儿园教师会帮孩子们脱衣服。上了小学，她在学校里实在令人难以忍受。她的操行一直是零分。回到家，她更是变本加厉，简直成了令人讨厌的孩子。不过她的课业学习非常优秀，总是考满分。于是有人建议母亲带她来图索医院，看能不能解决她个性上的问题。

我单独见她，发觉她有一只袖子是飘动的，就问她："你左边的胳膊怎么回事？""嘘！别说出来，妈妈不知道。"她很小声地对我说。我说："是吗？妈妈不知道？到底是怎么回事？""哎！就是这样很烦！每个女生都要我给她们看我的小指头。"当时是第二次世界大战期间，男女还是分校的。我就对她说：

"我也是女生，但是我不会让你给我看（她问过我是不是也想看她的小手指）。把你的小指头画下来吧。"于是，她画了她的残疾。她画的是一个身体，肩膀上有两根小指头。

"如果你妈妈不知道这个的话，那就太麻烦了。"

"对，是这样。所以我才会不听话。"

"你觉得是这样吗？"

"当然，我认为是这样。"

"那你是怎么做到让自己不听话的呢？"

"我对每个人说，也对妈妈说：'骗子，骗子，骗子。'"

她一直将母亲当成"骗子"。显然，她母亲不是骗子，只是没有对女儿说有关她残疾的任何事。母亲并没有对她说出真相。

"你愿意不愿意让我帮你去跟母亲说，就是这个造成了你的困扰，因为你的同学一直在脱你的衣服，老师也一直责备你？"

"同学们都随随便便给我穿好衣服。我自己不能穿衣服。还有一些人乱摸我。"

这个可怜的孩子在学校里被嘈杂混乱的好奇调戏着，不知道如何保护自己。

她的父亲曾被通缉，是个囚犯，离开家三年了。她已经不太记得他了。我问："你父亲知道这件事情吗？他有没有和你说过？"她沉思了一会儿，说："我想他知道的，只是他没有和妈妈说过。"

的确，对她而言，母亲并不知道她的残疾。这很奇怪，不是吗？这表示在她上学之前，母亲什么也没对她说过，一切都像在云雾之中。等到上学后，孩子才知道了自己的残疾。

我请母亲过来。心理师给的资料里什么也没有，没有任何关于孩子残疾的信息，以及学校表现方面的评语。孩子之前做过比奈—西蒙智力测验，但是没有人对此提出任何意见。我问母亲："您知道在学校里发生的事情吗？"她回答说："不知道，除了她说令人难以忍受。她上课还迟到。不过，是我带她上学的。"的确如此！只是小女孩会被其他孩子逮住，他们把她带进厕所，要看她的胳膊——她的残疾。我当着孩子的面对母亲说："她没有跟您提过在学校里和同学们发生的事情吗？""没有呀！你什么都没对我说。你是个骗子。"现在是母亲把女儿当作骗子了。这是先前女儿用来说母亲的字眼，这会儿变成母亲拿来说女儿。我对孩子说："你要和母亲说一说吗？""不要，您和她说。""您的女儿认为您不知道她只有一只胳膊。"这个女人对我示意不要说。也就是说，她认为这是件不能说的事情。我说："到底是怎么回事呢？为什么您不愿对孩子说明发生了什么事呢？在学校里，每个人都凑过来看她萎缩的手臂和她肩膀上的小指头。"突然，母亲崩溃了："啊！如果早知道是这样，我就不会让她上学了。她也不会来这里。"她呜呜咽咽地哭着。女儿这时安慰母亲："妈妈，没关系的。你知道，我完全不需要另一只胳膊。"是这样的，不过也不尽然。她还是需要的，至少这样她能一个人穿衣服。

　　以上是我所能对你们讲的。

第五章　结巴—朗读困难

结巴的儿子与受到羞辱的父亲——为了维护父亲而让自己跌落的男孩——朗读困难的个案：与失聪的弟弟换位置

多尔多：有一回，一位先生在儿子的治疗结束后对我说："我是不会付您费用的。"这是唯一一次。

这个男孩十七岁了，在上高中的最后一年，两岁起开始变得结巴。我之所以知道这些状况，多亏了母亲的叙述。他问母亲自己当初是如何变成结巴的，母亲说："你就跟医生说，你是在一家茶馆里变成结巴的。我当时和你姨妈在一起（母亲和姐姐在一起喝茶，两岁的小男孩坐在她们中间）。你坐了一会儿，就躲到了桌子下。我当时不知道你怎么了。我把你抱起来，要你好好坐着，你却好像不知道应该怎么坐。我就训了你一顿。我对你说：'坐下！'我硬要你坐下。从那时起，你就结巴了。我很有可能把你的尾椎弄伤了。"

他口齿不清地叙述了自己变成结巴的情形。

后来，他又询问了姨妈，了解了事情的始末。姨妈说："我们每星期都会去喝茶。你知道，你母亲总是抱怨你父亲。"姨妈很和善地叙述了当时的情形。

父亲对于结巴的心理治疗效果不以为然。事实上，男孩早就有"步兵"的征召公文了——他想去步兵部队。但是，每当在营房操场上被要求发号施令时，他就会结巴。有人对他说："你是不可能成为步兵的。"于是，他申请调到后勤单位。他并非经常性的结巴。总之，不是我们常说的那种结巴。他只有在下达指令时才会结巴，而且声音不够洪亮。

这个孩子治好结巴后对我说："现在我什么都不要了。我也不想继续治疗了。接下来我会很惨。"他处在中学最后一年，父亲总是要检查他全部的功课。例如，他会把他的哲学作业撕掉，说他做得很差劲。他甚至口述指导儿子做作业。

儿子在学校的考试成绩都是十二三分①，作业成绩却只有六七分——是父亲帮他做的。他回到家，结巴着对父亲说："爸……爸……你……你……你得了六分。"得知学校成绩后，父亲会问他："你是怎么做的?"他必须把草稿拿出来给他看。"你是个笨蛋，只有笨蛋才会这么写。"然而，他的成绩是十二三分。

---

① 法国当时的满分是二十分。——译者注

当这个身为独子的男孩顶撞父亲时——他们之间发生了一些不愉快的事，父亲就会把皮带解下来，以儿子对他说了不该说的话为由来处罚他。他都已经十七岁了，可还是任由父亲体罚他。有时他也会逃到小花园里，不过还是任由父亲打骂。我对他说："要知道，当你任由父亲揍你时，他自己并不好受。"他回答说："但是，他是我父亲啊!"我说："他是你父亲没错，但这不表示他有理由把儿子当成狗一样对待。"

后来，我们谈到了如何让父亲有面子，也就是如何让自己成为值得尊敬的人。这样的人是不会让自己任由父亲鞭打的。我对他说："我不认识你的父亲，不过我觉得你似乎应该比他强壮。""是的，是的。""所以，你可以不回击，但要抓住他的拳头，对他说：'你不应该打你的儿子，这样对我俩来说都很丢人。'"过了一阵子，他对我说："我办不到。"我说："那么，在没办到之前，我不会再见你了。没有必要继续你的分析了，因为你任由父亲打你，而这使他蒙羞。如果你不下定决心，改变这种情况的话，所有的精神分析对你来说都是没用的。"

于是，分析暂停了三个星期——在一段时期的心理治疗后，他每周来两次，进行躺椅上的分析。当时，他在家还是有结巴的现象，但是在班上已经不会了。

终于有一天，他打电话给我，很可怜地结巴着说："我……我……我打……我打电话……给您……我……我……我想要约个时间?"我问他："那我们的约定呢?""已经完成了。我需要跟您说说。"他毫不结巴地说："事情的经过实在太恐怖了。""好，你来吧。"来了以后，他泪汪汪地告诉我："一切都太可怕了。我照着您说的做了，后来父亲跪在我面前，哭着吻我的脚。看着父亲跪在我跟前，我实在难以忍受。我父亲像条狗似的跪着。我不知道怎么把他扶起来。这真是悲惨的场景。"我问他："现在呢？""现在，是我在帮他。我对他说：'爸爸，没事了，我爱你。你知道我是爱你的。'事后，我父亲变得十分消沉。"这是早上发生的事。

他对父亲说："你看，我已经好了。"两三天后，他来看我。我建议他下回和父亲一起来："对您父亲说，我很乐意和他见面。"他传达了讯息。父亲让儿子打电话告诉我日期。他如约来了，是个非常固执的人。他坐下对我说："儿子长大成人是很了不起的事情！一切都好了。现在他是老大，我是跟班。"我说："为什么您现在成了跟班？""因为他已经是个男子汉了。医生，我自己的父亲是个一事无成的家伙。"

他对我叙述了自己从前的难处，儿子结巴以及没办法达到他的理想——成为步兵，就是指挥一支部队。父亲自己是军校出身。我对他说："儿子好了，您应该高兴，是不是？""医生，我不知道。我这辈子算是完了。""有到这个地步吗？"最后他说："如果我不打算付您费用呢？"

"您是怎么想的？"

"嗯，我不知道。我不想付钱。"

"好吧，好吧。"

"不过，我给您带了瓶巴纽尔斯（Banyuls）的酒。"

他把酒拿了出来，流着泪向我道别。

我六七年没有他们的消息。有一天，我在街上遇见了这个年轻人。真的很巧，就在街上这么面对面地撞上了。"啊！医生，很高兴见到您！""我也是。"接着，他走下人行道，为了和我说话而站在沟渠里。于是我变得比他还高。我问他："你站在沟渠里是什么意思呢？"他回答说："是的，我要请求您的原谅。能遇见您，我实在太高兴了。我有个朋友状况很糟糕，他有很多问题。我给了他您的地址，因为我想……"我说："没问题，带你朋友来见我。那你呢？"这会儿，他又准备从人行道上走下沟渠来和我说话。我对他说："还要继续这样？"于是他又回到人行道上，笑着对我说："我正在准备法文教师资格考试。这是我想做的事。如果还结巴的话，就会很惨，是当不成教师的。我已经做了代课教师，情况非常好。我非常感谢您。"

"你父亲呢？"

"噢！非常好。现在我的父母像一对彼此相爱的伴侣。"

他之前从没有对我说过父母不合的事。我问："他们从前不合吗？"

"不合，很糟糕。"

"但我从来没听你说过。"

"说这个让我觉得很没面子。"

他之前只是轻描淡写地提到了姨妈对他说"你知道，你母亲总是抱怨你父亲"，一副"你很清楚你妈妈是什么样儿"的样子。

把这个故事中一些不同的元素连在一起是很有意思的：拒绝坐着的孩子；母亲自圆其说地认为儿子尾椎受伤是他结巴的原因。她以为日子久了就会没事，想不到情况愈来愈严重。事实上，这是孩子和父亲的关系造成的。

当这个男孩告诉我父亲体罚他时，我的反应当然会令你们感到吃惊。但是，如果这个男孩在家里不能像个男人似的有尊严，那他将无法摆脱困境。当我在路上遇见他时，他已经不和父母住在一起了。他对我说："您知道，我是他们的独子。现在，我终于有了许多自由。我和父亲成了很好的伙伴，已经没事了。"从前，他就像父亲跟前的宠物狗，父亲没办法将这个大男孩摆在与自己平等的主体位置上。

孩子两岁时正处于身体意象成形的初期；没有骨盆，就无法弯曲。

我在认识的人中见过两个类似的案例。在第一个案例中，一位父亲对我说："医生，我感到非常困扰。我儿子坐在婴儿座椅上，时不时会跌下来。"

第二个案例中的小男孩，也是会从椅子上像傻瓜似的摔下来。我们都不明白为什么。

我不清楚后面这个案例的细节。在当时的状况下，我没办法和他的父母进行讨论。我比较了解前一个案例，明白事情的经过：每当父母之间气氛紧张时，孩子就会从椅子上跌下来。我对父亲说："我认为即便您的儿子还小，他也受不了您被妻子责骂。所以，告诉您的妻子，既然你们两个都那么爱这个孩子，如果她有什么指责，不要直接在孩子面前说。你们有个非常敏感和在意你们的孩子。"由于这个男人特别忙——他吃东西也很快，孩子只能在餐桌上看到父亲，也正是会在这个时候有些争论：母亲会在这时提出要求。于是，孩子会一下子从椅子上跌下来。他要重新挺立起来，不想再屈就地坐着。他不希望父亲屈服，因此就摔了下来。

参与者：这使我们想到勃起。

多尔多：是的，他就是处在勃起的状态中，很有可能是为了捍卫他的父亲。垂直的状态是身体意象在无意识里的轴线。如果孩子没办法坐着，他自然会跌滑下来，就是如此。实际的状况是他已经坐在椅子上了，但感到自己无能为力。他想要站起来，以身体的阳具意象来对母亲表示："我们男人不能让人随意谩骂。"我想他是这个意思。

参与者：这都发生在男孩子身上吗？

多尔多：这两例都是男孩。

参与者：除此之外，那个结巴的年轻人还有和父亲的肢体冲突。

多尔多：事实上，要和父亲有肢体上的冲突，两人中必须有一个是蠢货。

参与者：当他站在沟渠里时……

多尔多：因为对我一直有这样的移情，所以我对他而言是在上位的。我们偶遇时，他也一直保留着这样的态度，不是吗？我们两个都笑了起来。"看来我非得高高在上，而你非得是个小男孩。"这是我对这次相遇的解读。

参与者：很奇怪的是，他的职业竟然是……

多尔多：对，是没有话语能力就做不成的工作。

有趣的是，我的来访者中有六七位是结巴，而他们的工作都要依靠话语能力。一位成了律师，一位是教师，还有一位成为军官，其余都是做生意的。总之，他们必须靠说话来工作。我们甚至可以说，他们在克服困难后更加投注于此。

＊＊　＊＊　＊＊

参与者：有个孩子在我这儿做治疗。最近绘画时，比如他会先画一艘船，再画一艘，然后问我："这艘是好的，那艘是不好的。你比较喜欢哪一艘？"我不想回答，因为我不知道应该怎么回答。

多尔多：首先，你没有特别偏爱哪一艘？

参与者：我没什么感觉，也不想勉强自己。

多尔多：当然，你也可以这样对他说："这不是我画的，所以我没有特别喜欢哪一艘。如果是我画的，或许我会有特别喜欢的一艘。"然后，你可以问他："你见过有人喜欢去他们觉得不好的地方吗？"孩子在说这些话时是在重复一些东西。他见过有人偏爱"不好"的地方。他一定有这样的经历。对他而言，一定有个不怎么好的地方，但尽管如此，他还是挺喜欢去那里的。你可以对他说："我相信你在和我讲一件曾经发生的事情，否则你不会画这张画。"

我想在移情的关系中，他想要把你当作他自己，或是一个帮他出主意的人，也可能是一个对他来说处在假想父亲或者理想自我位置上的人。

事实上，很少有孩子会提出这样的问题。孩子通常会问："在我的画里，你喜欢什么?"这时，我们要马上回答说："全部!但是我最想知道的是你想(通过画)对我说的东西。"

参与者:有时候，他会变换声调来问我同样的问题:"你比较喜欢哪个?"

多尔多:声音是很重要的。声音的改变是有意味的。你可以问他:"是谁改变了声音?是你母亲还是你不认识的人?"他指的很可能是个变声的男孩。男孩是在青春期变声的。他正试着解决自身的俄狄浦斯情结，来认同父亲之外的另一个人，也许把自己投射在一个想要带着他做些蠢事的年轻人(大哥或表哥这类人)身上。这里指的就是青春期的变声。他通过变调来呈现人物的方式比较令人讶异。

我们可以参考丹尼斯·瓦兹(Denis Vasse)的《肚脐与声音》(I'Ombilic et la Voix)一书，这本书认为声音就像肚脐。改变声音，就是想要更换母亲，不想再拥有现在这个母亲，想要走到另一个处在同等位置的女人那里。青少年就是会经历这样的过程:发现了另一个女人或找到了女朋友，就丢掉母亲。

总之，你们在移情中永远不要给出自己的意见。

这孩子有哥哥吗?

参与者:没有，有一个失聪的弟弟。

多尔多:失聪!那么这个声音有可能是人们在教弟弟说话

时，弟弟变调的声音。这个失聪的孩子必须像哥哥那样发出声音来叫喊，但哥哥没办法在自己年幼时去认同这个当时还太小的弟弟。是的，这个关于声音的故事实在太有意思了。他有个失聪的弟弟！失聪者的声音非常出人意料。他们在开心或难过时所发出的声音和正常孩子的没什么两样。不过，当他们想沟通时是没有声音的，有时只能用些自己听不到的喉音来大叫。当他们哭泣或游戏时，我们是听得见他们的声音的。我的窗户刚好对着聋哑学校。在这些特殊的孩子玩耍的时候，我分不出他们和其他孩子有什么不同，他们被老师责骂后的哭声和其他孩子也没什么两样。下课时，他们开心地大叫，跑来跑去。被处罚时，他们哇哇大哭。这时，他们所发的声音和听力正常的孩子所发的声音完全一样。

他的弟弟几岁？

参与者：三四岁。

多尔多：失聪的婴儿和正常的婴儿，他们哭喊起来完全一样。渐渐长大后，他们的哭喊声就不一样了，除了特别兴奋的状态。我认为，母亲在抚养这两个孩子时，是能够辨认其中的不同的。她可以察觉到弟弟和哥哥的声音是有差别的。这里的问题是："偏爱那艘不好的船，这好吗？"在他的画里，那艘不好的船是不是比另一艘小呢？

参与者：是的。

多尔多：这就对了！"我认同于不那么好的弟弟，这好吗？"毫无疑问，他的问题正围绕于此。我曾想过是由于变声，但是，在这个特殊的案例中，它指的是一个失聪孩子嗓音的改变。对哥哥而言，他情愿选择一个失聪的人：他的弟弟。小时候，他应该会嫉妒，但现在已经不会了，因为大家都认为小弟弟不太好。不过，看到弟弟被过度保护，他始终心存嫉妒。

我想到一个有关孩子逻辑的故事。我也不知道这是为什么，因为它们是完全不同的案例，但是置身于分析状况中的你们也许会了解其中的原因。

这个孩子的朗读问题是最近出现的。他经常把第二个字母摆在第一个字母的位置上。孩子在治疗时画了一些画。这不是我的临床个案，是另一位精神分析家和我讲的，后者的诠释工作完全改变了孩子。孩子的状况还不是太严重，问题持续时间还不太长。

他有个小他两岁的弟弟，患有唐氏综合征，不能入学。家人有时会把弟弟留在幼儿园。

身为老大的他想成为老二。为什么呢？因为如果他是第二个孩子，那弟弟就会是他，就能像自己一样去上学。

他把次序弄颠倒了，想占第二的位置。如此一来，家里的第二个孩子就会像第一个孩子那样好。就是这样的理由导致了他朗读上的困难。在解释自己的画时，他也总是说："这辆汽车，它应该是在这里的。"他会调换车牌号码的顺序。在车子上方，有只飞着的天鹅——儿童的画里很少出现飞着的天鹅。我和他的精神分析家绞尽脑汁地思考："这只天鹅对他应该是有什么意义的。他在学校里成绩不及格，总是把第二个字母摆在第一个字母的位置上。"他的精神分析家当时就是这样和他沟通的。孩子说："没错。如果我是第二个孩子，我就是弟弟，可以去上学，弟弟也就能上学了。"

这个孩子在很小的时候应该是非常嫉妒的，但现在，他在父亲的眼里是个好孩子。他为父母感到难过，因为弟弟不能像其他孩子那样被教养，而这无疑使家庭蒙羞。小时候的他则并没有察觉到弟弟有什么不同之处。

于是，精神分析家就跟他解释了什么是唐氏综合征。这不是一个好或不好的问题。他被告知，他没办法通过代替弟弟来帮助父母；这不会改变任何事情，就像弟弟也不能占据他的位置。这个孩子的逻辑真的很特别。听到这样的解释，孩子持续三个月的朗读困难不到一个星期就消失了。这个问题是在他升二年级时才出现的，也就是弟弟被拒绝入学那一年。从前，他们一起上幼儿园。后来，弟弟的事让他在自恋上十分受伤。

我们需要通过分析图画来了解孩子想要说的。关于孩子们的逻辑，我们每天都能学到很多出人意料的事情。就像上面这个案例。孩子奇特的逻辑让他在学习上失去了该有的进度，但同时也能修补一切。这是通过一只天鹅进行的。孩子就像那只天鹅，他想要修补一切。所以，我们要让他知道他所不能修补的。他没办法改变这个悲剧，不能通过把自己搞成神经症的方式来帮助家庭，因为这是不可挽回的。弟弟是不会有大的好转的，虽然他非常想要把自己摆在第二个孩子的位置上，但是弟弟是不可能成为长子的。

我不知道你说的案例是什么情况。我之所以有所联想，是因为这个孩子也许有同样的问题：不想成为那个好的，而是想成为不好的失聪的弟弟。他想成为那个不怎么好的孩子，认为这样弟弟就会成为那个好的孩子。

孩子爱他们的父母，总想在父母感到痛苦的地方帮忙修补。孩子是最早的心理治疗师，最早试图来安慰父母，让父母再度自我感觉良好。但这有时会在孩子自己身上留下许多伤痕。

第六章　过渡性客体与恋物对象

不需要真实的身体：恋物对象神奇的魔力——毛绒玩具熊：主体因过渡性客体受到伤害——肛欲与不可能的保留——受伤后孩子的错乱

参与者：您可以谈谈过渡性客体吗，但不仅仅是说它好或不好？

多尔多：它好坏皆有。过渡性客体是主体以自己的身体意象为中心，呈现主要的情感联系时不可或缺的对象，也是与特定人物欲望的媒介。

也许我表达的方式过于复杂。在场有谁可以用其他方式说说看？

参与者：我们也许可以说客体的不在场。开始时，它是情感的载体，就像磁场感应器。

多尔多：是的，我们也可以说词语是微妙的过渡性客体。虽然词语不是体现出具体物质性的客体，但却是听觉的客体；如果它是以书写的方式来呈现的，又会成为视觉的客体。这也是朗读困难令人痛苦的原因。朗读困难的孩子在被要求写出音节符号的表象时有不同的视觉呈现。这些音符在视觉和触觉上已经被深深地刻画在孩子的心里，同时与听觉相连。它们也会内化于孩子的心灵深处。在这里，我们将提出一种不会让孩子有视觉担忧的书写呈现方式。

参与者：只有在折射视角下被看到时，客体才存在。也就是说，当不被重视时，它也不过是普通的东西。

多尔多：又或者说，它受到弹性变量的认定。如果不被重视，它就成了我们口中的……狗屎。

参与者：这并不是过渡性客体。

多尔多：也算。一个撤销式的死亡客体是存在的。

参与者：那话语呢？

多尔多：话语不是死亡客体，它是寻求苏醒的客体。充满话语的书籍会被读者在字里行间赋予意蕴，之后神奇地苏醒。当然，读者不会知道他对字词的感触与作者的本意是否一致，但至少在这里有一个沟通。沟通总是会遇到障碍，所以得借由过渡性客体或客体来传递。

我们所指的过渡性客体是求助于自恋性的沟通理念。我想这是客体与过渡性客体之间的差异。过渡性客体就像某人在现今关系中的不在场，是自恋的重新建构。

参与者：也有对过渡性客体关系的认同。

多尔多：过渡性客体一定包含根据身体意象而产生的认同。

参与者：那么就这个观点来看，应该如何在过渡性客体上确认恋物对象的位置？

多尔多：恋物对象是自足的，并不存在与他者相关的概念。

参与者：以酒鬼为例，酒鬼是酒瓶的恋物者吗？

多尔多：不，酒鬼并不崇拜酒瓶。如果里头空无一物，酒瓶是不会引起他的兴趣的。他必须去喝它，他迷恋的是瓶中物。恋物者就像在莫里哀（Molière）剧作中的阿巴贡（Harpagon）①，紧攥着装有黄金的珠宝盒。恋物癖取决于肛欲性客体。口欲性客体不完全是恋物的。饮酒是口欲的投注。如果酒瓶是空的，酒鬼是不会想着一醉方休的，不是吗？如果他做了个醉酒的梦，那他必须得喝点。如果只是想象自己喝了，他是不可能满足的。反观阿巴贡和他的珠宝盒：他并没有使用珠宝盒所赋予的权力来做任何交换，而仅仅是屈从其魔力，既不进行消费，也没有真实身体的参与。

当过渡性客体的完整性受到损伤时，孩子也会被影响。我

---

① 莫里哀剧作《悭吝人》的主人公，世界文学中著名的吝啬鬼形象。——译者注

不知道你们是否观察过那些拿着毛绒玩具熊的孩子身上所发生的不幸。他们可能一辈子都被烙印着难以忘怀的伤痛。

我记得非常清楚，以前我家里有个非常敏感的年轻女孩——在我大儿子出生前，甚至更早，在我结婚前，她就在了。孩子出生时，她也在场，很高兴地看着我的宝宝。我对她说："你可以抱抱他。"她把孩子抱在怀里，不一会儿就泪流满面。她紧紧地抱着他说："哦！我的熊熊！我的熊熊！"她整个人就这么伤心地哭泣着！我问她："这到底是怎么回事？发生过什么事吗？""啊！我竟然都忘得一干二净了！我的熊熊！"四岁时一件关于玩具熊的事情突然涌现在她的记忆中。她每周六回父母家，他们也对她确认了此事：她的玩具熊掉在地铁轨道上，被碾得惨不忍睹。这是在她四岁时发生的。虽然车站的工作人员把熊拾回来了，但是她失去玩具熊的伤痛始终没有平复。后来，她似乎完全忘了这件事情。她将我的孩子紧紧地搂在怀中，好像和我一样对他期待已久——她把自己认同在已婚并且怀孕的我身上。这对她而言是个释放。之后，我注意到她"变了个人似的"。她的改变源于埋藏在内心深处之事被重新经历了。

因此，我认为，过渡性客体是双重性的，是另一个自己。一旦过渡性客体受到损伤，孩子会深有同感。非常不可思议。

参与者：也是幻觉。

多尔多：是不可思议的幻觉。过渡性客体实质上触动了个体无意识的某个东西。在许多我们无法置信的观察中，有些过渡性客体在搬家时遗失了。在孩子还没有摆脱这个替代与母亲原初关系的过渡性客体时，遗失会让孩子从此失去安全感。

恋物对象及过渡性客体有什么不同呢？这是需要审视的问题，即使它们在定义上并没有那么大的分歧。恋物对象或许是一个部分客体的表现，过渡性客体则是孩子觉得自己是母亲的部分客体的表现。部分客体呈现的是性欲的客体，如口唇、肛门、嗅觉、生殖器，像一些有味道的小玩意儿。孩子会一直找寻常用的小毛巾的味道，这和恋物客体是不同的情况。

过渡性客体只和孩子有关，恋物则会持续终生。过渡性客体是和一个真实的人的关系，恋物则并不受限，可以是任一身体的部分客体。它没有被界定在与某个特定对象的关系中。具体而言，过渡性客体是和母亲的关系，而不是和别人。我所指的恋物对象，说的当然是倒置错乱意义上的恋物癖，并不是像万物有灵论所呈现的那样。它也是主体本身之自恋完整的客体。

参与者：您是说个体里的恋物对象使自恋得以完整吗？

多尔多：是的。过渡性客体让孩子开放了对外界的关系。因此，普鲁斯特（Proust）的玛德莱娜蛋糕不是恋物对象，而是过渡性客体（是对《追忆似水年华》中的人物感伤的联结）。再者，他并不需要吃着玛德莱娜蛋糕去散步。然而，珠宝盒对阿巴贡来说，不是和另一个身体或另一个人的关系。这个盒子的价值和他之间的关系是无法量化的。这是个绝对的价值，与赋予它价值的人没有关系。而且，它独占所有的情感。

参与者：对一个只有抱着他的小毛巾或玩具熊之类的客体才能入睡的孩子而言，过渡性客体难道不也是长期拥有的绝对价值吗？因为我们不能用其他东西来替换。

多尔多：的确，但是父母的参与会产生极大的影响。如果母亲不在一旁帮衬着，每天给孩子一个同样的东西来作为过渡性客体的话，这种情形是不会发生的。对拥有很多东西的孩子来说，那些东西代表着同样的关系。就像之前我所说的，最好的过渡性客体就是话语，像是歌曲，特别是我们对孩子唱的儿歌。

我认为拥有过渡性客体就像是吃奶。这是最接近吃奶的客体，它和需求紧密地联系在一起。当母亲不在场时，孩子对这些有感觉的客体是有支配权的。在这些有感觉的物品中，拥有某个东西会产生和吃奶一样的感觉。经过重复，它就会成为过渡性客体。过渡性客体是欲望的客体，直接与需求联结在一起。这和恋物对象是不同的状况：阿巴贡的珠宝盒和需求是没有关系的。过渡性客体既和需求连在一起，也意味着孩子渴望和某人建立联系——这个人一开始便确定可以满足孩子的需求，因而也和孩子的安全感连在一起。

参与者：所以我们可以说它是介于需求与欲望之间的、被设限的客体？

多尔多：是的。恋物对象则只是欲望的部分客体。而且，它不像过渡性客体那样掌控着触觉及嗅觉。恋物对象可以是触觉或嗅觉以外的东西。

过渡性客体绝对不是视觉性的。孩子并不在意这个东西看起来的样子，他可以把它摔烂或撕开。它可以被磨损，也可以褪色。孩子最在意的是触觉和嗅觉。当婴儿的过渡性客体被清洗后，它甚至就不再是过渡性客体了，虽然在我们看来那是一样的东西。医院里过去常常发生这种令人受不了的事情（现在，我们似乎明白了）。我们对住院的孩子说："你可以带着自己的玩具熊，但是必须经过消毒。"可一旦经过消毒，那个东西就不再是他的玩具熊了。当然，基于卫生的考虑，我们必须这么做。所有东西都需要消毒，包括母亲的乳房。

* *　* *　* *

多尔多：我不知道有没有和你们谈过一部在幼儿园拍摄的影片，我们能从中观察到孩子的群体心理。

我看到了这样的现象：孩子没法拒绝拿出我们向他们索取的东西，哪怕他们最初的肢体反应显示出拒绝。如果我们侧着头，以一种要求的态度向他们伸出手，他们最终会把东西拿出来。即便孩子不想拿出他非常喜欢的东西，但如果这时有人用这种态度，侧着头来到他面前，他也没办法不把东西递给这个人。

我们不仅能在孩子中观察到这样的行为模式，甚至老师也在重复着这类行为模式。这样的情形让人感觉有些糟糕。这就是我们所说的"心理工作"。我们把孩子当成小白鼠。他正非常开心地玩着玩具，但老师伸出手来靠近他，对他说："把玩具给我。""不给。"他继续玩。然后，当老师把头侧到一边时，他不得不递出玩具。

在影片的后半段，我们看到有老师替一个站着的孩子擦屁股。这非常好，当他站着向前倾时，她帮他擦屁股。然后，老师给他换了内裤。这时有个孩子走过来，看到屁股，以为是后背，于是就把自己的卡车玩具递了过去！他把自己的玩具给了另一个人的屁股！他掂着玩具递过去，就好像不想让自己被逮到似的。

我认为，这确实是由肛门联想造成的：无法抗拒地拿出礼物。试想一位母亲正在将宝宝裹在襁褓里。一般来说，她会在桌上或在膝盖上做这件事。当她靠着桌子时，孩子是躺着的，她必须低下头给他擦屁股。这个低着头对着屁股的联想，对孩子而言意味着"给出去的大便"。

当我们在身体意象上了解到一些真实的东西后，就会明白孩子在这方面的领会多么出人意料。我们能用手势，用一种言词以外的方式来对他表达某个意思。我想到了非裔婴儿——他们的母亲从来没有在排便问题上操心，这和我们的状况完全不一样。现在，他们的母亲可能也和欧洲人一样了。不过，我们还是会看到——不只发生在某个部落里，而是差不多发生在整个非洲——她们有完全不一样的做法：让小婴儿抱骑在母亲的脚踝之间。他们骑坐着母亲的腿排便，之后母亲会给擦拭一下。她应该是用脚把孩子的屁股分开的，所以孩子不会被弄脏。这真是太棒了！因为我们这里的孩子在大便时，屁股上总是沾满了屎。但是在有些非洲部落，显然不会这样。我们觉得这是个笑话，但这其实很重要，因为这些是最初的关系。在这种情况下，孩子没有把大便给母亲，而是给了土地。这是完全不一样的。在非洲，孩子没有给母亲他们的大便，而是像成年人那样直接给了土地。这是孩子排便的方式。当母亲感到婴儿想大便时，她就把婴儿架坐起来。这是个非常漂亮的动作。她用脚踝撑住他，然后把他抱起来。通过将孩子背在背上，她们和孩子之间产生了融为一体的韵律。据说，她们的缠腰布也不会被孩子尿湿。有些人会说："这是不可能的事。"当然也有例外。但只要母亲一有感觉，就会马上将孩子取下来排便。孩子被架在母亲腿上，大小便是同一个方式。

所以，非洲孩子应该不会形成这样的肢体反应：只要有人侧着头，我们就不得不把自己的东西拿给他。我们在影片中看到的那些孩子具有这种行为模式，他们显然无法抗拒我们对他们做出的姿态：侧着头，伸出手。有些让人讨厌的孩子会再三向其他孩子索要他们并不想拿出来的东西，于是双方相互对峙，不肯让步。但是，比较机灵的孩子会发现，他只要侧着头，把手伸出来，其他孩子就会给他他想要的东西。

心理师看到了一个孩子总能得到自己想要的东西，这促使他们有了安排一个实验性观察的想法。你们得去看看这部片子！真的非常有意思。例如，有个孩子刚找到玩具，另一个孩子过来对他说："我要这个玩具。你把它给我吧。"这两个三四岁的孩子开始为了玩具而争吵，最后，那个孩子侧着头，另一个孩子竟然让步了——前者甚至什么话也没对他说。

另一个有趣之处是，那个玩卡车的孩子在看到屁股后，就把他的卡车拿给了屁股。我在影片中看到了这一点，但是心理师似乎没怎么注意到。这给我留下了深刻印象，也让我在肛欲上做了对照，就是对与肛门连接的无法拒绝给予礼物，以及侧着头向他人要东西的人用让人无法抗拒的方式得到他想要的东西进行比较。

* *　　* *　　* *

多尔多：我想在这里解释一下善行。身为治疗师的我们，有时反倒会成为孩子们行为错乱的帮凶。特别是当孩子处于俄狄浦斯情结危机期时，如果我们直接进行心理治疗而不搞清楚前因后果，也不知道这种情形持续了多久，就容易产生差错。所以，要好好了解以及探讨孩子的家庭状况。例如，是不是当父亲回到家时，孩子就板着脸——这是俄狄浦斯情结危机期常有的现象；或是父亲会走开，去另一个房间，就像我们常见到父亲因孩子半夜哭闹就把位置让出来，让他和母亲一起睡。

在这样的情况下进行治疗是不可能的。我们是怎么成为共犯的呢？我们没有站在父亲的立场上说："事情怎么会搞成这样？"也许是丈夫不在时，妻子发出怨言，要孩子和自己一起睡。或者是她恳求丈夫去别的房间睡，他就依着她的意愿。每个人都被孩子在俄狄浦斯期发展出来的这种要命的力比多支使着。如果父亲能在自己的位置上说："这里是我当家，不是你。你的母亲是我的妻子。如果不高兴，你可以离开。"这样一来，两三天就没事了，而不用花六个月的时间来做心理治疗。

总之，不论是女孩还是男孩，他们对此都会有深刻的感受。如果孩子经历了特别难过的坎儿，像是重病后留下了生理后遗症，他会更强壮，因为连死神都带不走他。不要错过对这个差点儿死去，好不容易才活过来的孩子的教育。我们经常看到那些差点儿就失去孩子的父母会很纵容他们的孩子。比方说，如果孩子有了心脏问题，每个人都尽可能不让他哭叫，因为只要一哭叫，他就会抽搐和痉挛。

　　我想起一个小女孩。她其实没有什么大的问题，只是目中无人，非常不听话。她出生在一个子女众多的家庭里。他们住在租来的房子里，因为窗户没有护栏，母亲就禁止孩子打开窗板。孩子们都设法让自己遵守规定，只有这个任性的小女孩明知故犯，打开了窗板。她从二楼掉到沙石地上。父母吓坏了，赶紧将她送到医院。所幸除了有沙子嵌在脸上外，她并没什么大碍。

　　由于担心颅骨受创所引发的内伤，我们留她住院观察了两天。父母十分欣慰地带了些小玩意儿来医院看她，一点儿也没有责怪她。如释重负后，每个人都很高兴。她的身体也一点儿都不疼了，除了留有一些伤疤。

　　在这个假期中的意外发生几个月后，母亲告诉我这个女孩变得让人难以忍受："真不知道该拿她怎么办，家里被搞得天翻地覆。她张牙舞爪地支使着一切。我想要对您说的是，昨天，她竟然指着之前我们拒绝给的某个东西（这是个比较放任的家庭），对妹妹说：'你得明白，如果你想要这个东西，就只能从窗户跳下去。只要从窗户跳下去，爸爸妈妈不但不会骂你，而且还会给你你想要的！'"

其实，孩子对自己的不听话有着很强烈的罪恶感，事后父母的溺爱纵容反而加深了她的焦虑。在这个孩子众多的家里，每个人都像在班级里一样，步调一致地跟随着大伙儿。小女孩并不习惯这样被宠爱。她很聪明，却不再用功学习。总之，她自以为是地耽误了自己。

母亲和我讨论了一番。我对她说，现在他们可以放心了，那场意外对她的女儿已经没有丝毫影响了。是时候和她谈谈她的行为举止了。"吃饭的时候，在大家面前说一说那场意外。等讲到她因为不听话打开窗板，摔到楼下时，就把其他人支开，单独对她说，别当着其他人的面。然后，您可以对她说：'好了，是时候处罚你了。之前我们纵容你是因为太担心你了。我们非常欣慰你还活着，可是你现在除了捣乱什么都不做。你应该为自己的行为感到抱歉。'"

母亲的处罚方式很有意思。她脑子里闪了个念头，说："她有个很喜欢的娃娃。现在我要没收这个娃娃一周。"我对她说："您这么做，是因为您之前忍受了这样的痛苦。在孩子住院的那一周，您没办法看到她。您非常清楚在这一周中不能见到孩子是多么痛苦，所以您要将之前她对您做的还回去。这是报复，不是教育性的处罚。"

其实，我也想到了这点。不应该以没收孩子的娃娃作为处罚，因为这正是一个支持她来认同母亲的客体。因此，后来就用了另一种处罚。我不记得是什么事了，可能是她有一个星期不能吃点心。这不是什么大不了的事情，目的只是让她记住这是个处罚。另外，家里还有两个比她更小的孩子，看到了姐姐被处罚。这样就可以了。不会再有"如果想要什么东西，只要从窗户跳下去就可以了"这类问题了。

事实上，母亲明白孩子在编故事。他们在玩"我要躺在车下"。小女孩这么说是为了博取父母的同情和注意。

要考虑到一些会引发孩子错乱的情况。在这例个案中，是父母在孩子发生意外事故、身体痊愈之后改变了态度。但即便是一出生就很孱弱的孩子，我们也不能那么纵容他！否则，他就无法找到自己欲望的界限。这样一来，我们是没办法教育他的。父母会以弱小为理由，耳提面命，要求最大的孩子忍让幼小弟妹的无理取闹。这是非常糟糕的：母亲以教导的立场来缓和大孩子的反击，却以弟妹的弱小为理由不责怪他们的挑衅。如此，只会削弱孩子应对生命试炼的能力。

应该和他谈谈嫉妒心。在这里，教育就是表达想法，而不是制止。如果我们对长子说"不可以，他还小，凡事都要让着他"，结果会是把年幼者教成倒行逆施的人。他会去招惹那个不能对他有任何反击的哥哥，只要哥哥一靠近，他就哇哇大叫。而母亲一来就说："宝贝，他把你怎么了？"没完没了！这样一来，孩子永远都长不大。

第七章　大他者中名字的缺乏

袭用了已逝哥哥名字的失眠的孩子——父兄的混淆——
"妈妈没有母亲"

参与者：身体和记忆是同一个东西吗？

多尔多：身体和记忆？哦，完全不是一回事！即使我们说
伤疤是写在身体上的记忆。你所提出的问题，对我来说很难。
身体是我们目前所拥有的，然而记忆是"可被唤醒"的虚像。身
体是真实的，而记忆是可以更新的虚像。这是完全不一样的。
我们可以说，身体近似于凝聚的话语，而话语交流的果实可以
是干瘪的、死气沉沉的，也可以是生动活泼的，然后由它开始
进行沟通。

或许我可以举个最近的例子来进行解释。这是个十五个月

大的孩子，晚上从来没有睡过好觉。在白天，他和每个人都有很好的接触，表现得也很正常。母亲每晚都得醒来很多次，非常疲倦，夫妻俩也经常争吵。奇怪的是，孩子一到晚上似乎就不太认得母亲了，对父亲则更感到陌生。这个他在白天非常喜爱的父亲，到了夜晚一靠近他，孩子就会哇哇大哭。如果是母亲，那她也最好不要靠近。但是，母亲的声音可以让他安稳些。从出生后，他就这么睡睡醒醒，让父母疲惫不堪。

那么，是什么完全改变了这个身体？这个聪明伶俐的孩子白天一点也不怕生，乐于与周遭的人、事、物接触，怎么一到夜晚，他的身体就成了焦虑和冲突的场域呢？这是身体和记忆之间存在的问题。

我们也许可以通过这个案例，找出问题的症结。我从父母那里了解了一些情况。首先，孩子在游戏中有着让人非常惊讶的肢体语言。在十五天一次的会面中，一次父母同时在场，三次母亲陪他过来。第二次母亲在场时，我在不知道会带来何种反应的情况下，对孩子解释了一些我所了解的情况。这应该是母子关系的结果。母亲当下没有明白，孩子的身体却立即有了变化。事后她才问自己："为什么多尔多夫人要对我说这些呢？为什么当她对孩子说话时，孩子看她的眼神变了呢？"孩子当时正拿着玩具娃娃，对着纸篓玩游戏。我知道这个家庭有个四岁的女孩，还有个一出生就夭折的男孩。如果第一个男孩还活着，他会叫现在这个男孩的名字。这是他们家的传统：长子有特定的名字。父母也接受了这个传统。

在见到孩子之前的晤谈中，父母对我说明了这种令人难以忍受的状况。孩子极度不安，整夜醒着，睡不着。我问了母亲第一个孩子夭折的事情，她是带着比孩子父亲更深的情感来对我叙述的。他们因孩子的夭折而十分痛苦，决定不再要孩子了。不过，他们还是走了出来，有了女儿。在这个男孩出生后，他们把已逝孩子的名字给了他。他是不是因此才在晚上没有安全感的呢？

第二次晤谈时，我想到上回这个小男孩在我面前（在他父母之间）安静地玩耍着。他一直把两个玩具娃娃从纸篓里拿出来，又放回去。他将自己和第一个我们从来没有对他说过的孩子联系起来了。

我试着通过记忆来回答你的问题。

母亲第二次单独陪他过来时，我看到他在玩着有意思的游戏（我很快地将这一切记录了下来），认为是时候对他说他有个一出生就夭折的哥哥了。我对他说，这个哥哥在的话，会有和他一样的名字。他妈妈伤心于没办法通过其他名字来想念他死去的哥哥。也许，他在睡觉时觉得自己像个死掉的孩子，因为妈妈除了用他的名字以外，没法用其他名字来想念哥哥。从我说起哥哥的死开始，这孩子就放下了手上的玩具，走过来看着我。我对他说，哥哥没有因为把名字给了他而生气，那是父亲还有祖父决定的，所以即使他在睡觉，妈妈也知道他不是那个夭折的孩子。他马上拉着母亲对她说（他已经会发几个音了）："走！走！"他要离开。我对母亲说："好，你们离开吧。"在下一次晤谈中，母亲对我说："真是太不可思议了。那天晚上回去后，他睡了十个小时。"除了中间连续有五个晚上依然异常外，之后他就睡得很正常了。通常，当父母去城里用晚餐时，会有临时保姆来家里看顾他和姐姐。那天晚上保姆来了以后，孩子哭个不停，直到父母回到家。保姆对他们说："和平常没两样。"因为她已经习惯了孩子不睡觉。父母想："惨了！一切都前功尽弃了。"隔天，他又哭了起来，父母不知道该怎么办。就这样持续了四天，第五天他又睡得非常好。

让人诧异的是，这个十五个月大，只能小碎步地走和趴在地上玩的小宝宝，竟然开始想坐着画画，还要掰着胶泥捏东西。我对母亲说，他进步神速。他能说出三四个三音节词。总之，他已经能发出几个多音节词了。

然而，这个被焦虑的母亲当作一个已逝男孩的记忆是什么呢？这是因为他出生时出现了和哥哥同样的问题：他有轻微的缺氧状况。大家都十分焦虑。母亲分娩时，助产士一发觉，就赶紧给他输氧。父母也是之后才知道这件事的。总而言之，他差点儿像哥哥那样一出生就夭折。

这样的重复表明什么呢？我们总是以父母的欲望为主，但就孩子的立场来看，有个关键的字眼可以在他睡觉的小小身体里，将夜晚归还给他。这正是符号象征能指的力量。然而，能指说的又是什么呢？它不是过渡性客体，更不是恋物对象。它意味着"哥哥死了"。"你不是死去的哥哥。哥哥给了你他的名字，所以你可以让自己拥有这个名字。"

通常，睡不着的孩子只要被母亲抱在怀里哄着，就能平静下来。我想这个孩子在睡觉时，和母亲没有任何交流。

这个精力旺盛的孩子把父母累坏了，而且他在醒着的时候也并没有表现出任何不适和疲倦。只是一到晚上，不管是父亲还是母亲，他们都没办法把他哄睡。

参与者：那他白天睡觉吗？

多尔多：你们知道，孩子在任何时候都会睡觉、做梦或幻想。

参与者：父母从来没和他提过这个死去的哥哥吗？

多尔多：从来没有。

参与者：母亲让您把事情告诉孩子吗？

多尔多：当然，这就是他们来寻求帮助的原因。正因为和孩子有关，所以一切都应当着他的面说。这个孩子所做的是对父母情感交流的参与，这应该被了解和说明。他用纸篓、玩具和行为来对父母进行表达。他一开始用两个纸篓（里头装着玩具），后来将里面的东西都取了出来，只留了两个穿着军装的玩具娃娃。这和女孩子玩的娃娃不一样。正当父亲对我叙述过去的伤痛时，男孩将一个篓子合在另一个上面，让它们成为一体。我想他也在表达父亲所说的——这是在第一次晤谈中，他的某些东西和哥哥是封闭在一起的。我对父亲说，我认为哥哥没有被取名字这件事对孩子来说有某种意义，因为是他被赋予了哥哥的名字。如果我们没有给一个人名字，其实就没有给他死亡的权利。也就是说，我们没有给他活着的权利。人只有被命名才算活着。

参与者：一个孩子必须有名字，只有这样才可以被合法地埋葬。所有的初生儿甚至早产儿都必须有名字。

参与者（另一位）：如果他是一出生就死了呢？

参与者：即使如此，也一样。

参与者（另一位）：总之，我们每个人都是先生后死。

参与者：我在医院值班的时候，看到过这类案例。有个母亲把孩子生在了马桶里，孩子一出生就死了。那个孩子其实发育得非常健全。

多尔多：他们需要给这个孩子取名字吗？

参与者：是的，必须在他出生的那一天给他取名字。

多尔多：那他的名字有没有写在户口本上？

参与者：没有。

多尔多：如果他有名字，就会被写在户口本上。否则，那只是家里的大人想给他取的名字，实际上并没有被登记入档。

参与者：我不清楚。但是我们之前就给他取了名字，也请了值班的医生把这些记录下来。

多尔多：这是医院里的工作人员给他取的名字，并不是家人给他取的名字。这些孩子是没有葬礼的。我对你们说的那个小男孩的哥哥出生后二十分钟就死了。这个孩子也差点儿在出生后二十分钟时死去。

参与者：奇怪的是，在您提到的这个案例中，母亲在怀孕和等待期间没有先给孩子取个名字。

多尔多：有的。她夫家八代以来都是用同样的名字来给长子命名的。我对你们提到的这个孩子就叫这个名字，他的父亲是老大，也叫这个名字，就连祖父也是。这个家庭就这样延续了好几代，长子的名字在这里有很重要的意义。

我认为那次母亲单独陪孩子来的晤谈，是母亲与她夭折的孩子的连接，只不过是通过这个孩子体现出来的。她似懂非懂，反而是这个玩耍着的孩子对我说的话有反应。然后，他说："走！走！"他要赶紧回家。我们说的事情过于刺激，总之，他得逃开。

我之所以对你们说这些，是因为一切皆有因果。否则得到别的地方去寻找原因。

你们可以想象这个家发生的变化：每个人都可以睡觉了。在这个孩子出生后，另一个房间里的姐姐第一次说："哦！昨晚睡得真香！我没有听到弟弟的声音。"男孩确实没有哭闹。

我觉得，正好可以借着这个关于身体和记忆的特殊案例来回应你的提问。

参与者：您是在什么时候对孩子提起这件事的？

多尔多：在第三次晤谈中，也就是第二次母亲和他单独来的时候。第一次时父亲、母亲和小孩三个人都在。第二次是母亲单独陪孩子来的，对我叙述他们夫妻为了孩子的事相互指责："是你的错，是你让孩子焦虑的。"反正，和所有的父母在精神疲惫、不知所措时一样，他们也总觉得对方要为此负责。父亲认为妻子为孩子做得太多了，母亲则觉得丈夫不了解问题所在。然而，这些解释都只涉及一些次要因素。处在无法入睡这一难题中的是孩子，睡眠对他而言，是生与死的更迭。

在精神分析中，一个症状的消失是不够的，重要的是从消失所伴随的死亡驱力中释放出来。在这个案例中，我们看到主体以异常的方式投注于外在的世界，从生命驱力中得到了升华。这个孩子以客体为媒介来做口欲的升华，并生成面对外在世界的能力。

看到一个十五个月大的孩子能够坐下来画画和捏胶泥，而我本人并没有叫他这么做。这真是很让人吃惊。

参与者：您提到过胎儿的记忆。母亲的记忆能否传递给孩子呢？

多尔多：正是如此。这是很有可能的。

参与者：我不是很明白您是如何区分两者的。

多尔多：我并没有将它们区分开。我相信对幼儿来说，父母传导并协调着一切信息。正因如此，在父母不在场的情况下，我是不会给孩子做治疗的。至少一方要实际在场，而另一位也要出现在话语中。例如，对于孤儿院里没有父母的孩子，我同样会让他们的父亲和母亲在场。我会这么说："为了你的出生，爸爸给了妈妈一颗种子，然后妈妈在肚子里怀了你。"父母都必须出现在话语里。我在对孩子说话时，一定会引入这样一个俄狄浦斯的三角关系。为什么呢？因为我坚信一个人是父母的代表。如果我对一个孩子说话，就必须把他当作这对让他拥有身体、能够活着的父母的代表。

我认为这是真实且需要被牢记的事情，并不是什么随便的说法。

和这个十五个月大的孩子一起工作时，是我的移情起了作用。我认为精神分析家的移情会唤起孩子对自己身体意象的认识，这是非常重要的。

我在对他说话时，感受到母亲有无法面对的告别，肯定是因为她没能给长子取名字。我想，她该如何去思念第一个没有名字的孩子呢？在怀着老大时，她心里想着的、口里念着的名字，如今给了第二个儿子。然而，我也需要解析自己的移情——也许是同样身为女人的我要来认同这个母亲。我问自己：她如何怀念自己死去的孩子呢？她只能通过这个活着并和大儿子同名的孩子，去思念那个死去的孩子。

因此，这个孩子在睡眠中把自己和死去的哥哥混淆了。母亲也是如此。自从孩子出生后，她就没办法好好睡觉了，不时地情绪紊乱。这个女人已经接近精神崩溃的边缘。

参与者：您对孩子说的话，可以被认为是一种诠释吗？对您来说，诠释和僭越有什么不同呢？

多尔多：这当然是种叙述性的诠释。我不认为自己当时对症状做了解释。我对孩子说的话，是他父母曾提到的之前触动他们的事情。我想小男孩并不知道这个从未被父母提起的哥哥。我们可以说这是个诠释。诚如你所言，这会是僭越吗？我也不清楚这是否是僭越。我倾向于认为这里缺乏一个脐带的切断。就像有个东西不该是给这个孩子的，但同时又被交付给了他。我不太清楚。

这都是一些我们应该去理解的在分析中确实发生的事情。

我相信现在这个孩子能够对哥哥的死亡有所记忆了，在这之前，只有他的身体有记忆。并没有人通过话语来告诉他本人。

我也有非常紧张的时刻，就是我对他说到哥哥的死，而他看着我的时候。母亲也十分震惊地看到，当我对他说话时，这个本来在玩的孩子一直盯着我。然后，他马上起身说："走！走！"对一个十五个月大的孩子来说，这真是少见。也许，他是怕我太快把他与母亲分开。

他甚至从来没有持续睡过一小时，有时母亲的声音可以让他安静下来。他每晚会醒七八回。那次晤谈后，他的状况有了改变，睡了一整夜。父母很明智，从来不给他用药。也许他们试过一两次，但因为没什么作用就放弃了。我们也理所当然地给他做了脑部检查，一切都很正常。这孩子在白天没有任何问题。

我对他说的话之所以是诠释，是因为这些话起到了释放的作用，让他马上对外界有了力比多投注的可能，特别是借着创造性的操作。在这之前，他摆弄着一些东西，把它们搬过来搬过去，但是并没有构建过什么。然而从那以后，他开始用胶泥来做东西——才十五个月大！也就是说，他用胶泥创造出一些肛欲期客体的呈现，而且他的一些涂鸦也非常好看。

参与者：在那次晤谈中，母亲有什么变化吗？

多尔多：当然，母亲也有一些非常重要的变化。由于和另一个女人——在这个例子中是我——倾诉，她终于可以重新体验脑海中痛苦的感受。在这之前，她只能在被动、无知的状况下接受这些挫折。我对孩子所做的诠释显然也触动了她，虽然她不是太明白事情的经过。当她来告诉我，孩子终于能正常睡觉时，我对她说："我想是因为上回我对他说的话。您自己也注意到了他是怎么看着我的。才一下子，他就马上对您说'走'，他要回去。"她说："是的，我想是这样。只不过……"总之，这个女人与众不同，十分冷静。

参与者：再回到您给这个孩子所做的诠释。所谓"话语"，就是在逐渐灌输的示意动作中所产生的反应。

多尔多：是的。但是对这些被逐渐灌输的符号象征以及产生的反应，只能由当事人自己在内心深处与意识里真诚言说。总而言之，我不太清楚。

＊＊　　＊＊　　＊＊

多尔多：我近来有个在座每个人都会感兴趣的案例。这是个不足三岁、快上幼儿园的男孩。孩子的父亲在第一次婚姻中有个大儿子，大儿子有个与小男孩差不多年纪的孩子和一个更小的孩子。孩子们经常在一起玩。这是男孩同父异母的二十五岁的姐姐对我说的，她还没出嫁。每个星期天，大伙儿都会聚在一起。父亲会接待第一段婚姻带来的两个孩子，以及两个孙子。

一切如常，没发生什么特别的事情，直到三个月前。小男孩十分爱慕大姐姐——同父异母的姐姐。他说话已经说得很好了，但还没完全搞清楚家人的关系——没有人在口头上对他解释过。姐姐叫他父亲"爸爸"，但是不叫父亲第二个妻子（他母亲）"妈妈"。每个星期天，他都会听到同父异母的大哥哥喊他父亲"爸爸"，小男孩自己也常常喊这个已经是成年人的大哥哥"爸爸"。他父亲已经到做祖父的年纪了，不过看起来非常年轻。

你们已经能看到情形有多么复杂了。当他对别人说到这个他喊"爸爸"的哥哥时，他总是说"皮耶的爸爸"。皮耶是和他同年纪的侄子。当他对自己非常喜爱的姐姐说到这个哥哥时，他会说"你的让-保罗"。这是大哥的名字。

他也很熟悉小侄子们喊"妈妈"的母亲。但是，他叫她"让-保罗的姐姐"。也就是说，他管哥哥的妻子叫姐姐。

你们可以看到这孩子处在怎样混乱的状况中。

有一天，孩子的姐姐对我叙述了整件事情，并问我："该怎么向他解释呢？"她曾建议父亲向孩子解释他从前结过婚，但是父亲完全开不了口，而且他不喜欢小儿子喊他"爸爸"。他比较喜欢别人喊他的名字。这一切只会让情况更加复杂。

一个星期天，年轻女孩去乡下父亲的家。"你没有和你的让-保罗一起来？"孩子问姐姐。她回答："没有。"他又问她："那是你爸爸？"

"不是，他不是我父亲。"

"不是你父亲，但他是你的爸爸。"

"他不是我爸爸。"

"那他是谁？"

她开始向他解释。孩子打断道："唉！我不需要知道这些，太复杂了。"他就这么走掉了。等她已经走到楼梯口时，他却又跑过来对她说："你下次告诉我他是谁。"

那天之后，她没有再看到这个孩子。她对我说这些，是想知道在这种情况下应该怎样向男孩解释。不久，她打电话给父亲："他要我对他解释。你能不能对他解释让-保罗还有我是谁呢？"父亲回答说："我正要和你说这事呢！我们非常担心。自打你走后，他就不吃东西了，整天只知道睡觉，还一直嚷着耳朵痛。我们带他去耳科医生那里看了两次，没什么不对劲的。医生认为也许要做更深入的检查，类似脑部检查。这孩子现在死气沉沉的，一点也不像十天前你看到的样子。"

星期天，她去了父亲那里。后来，她对我说："真的非常有趣。我刚到那儿，小男孩就跑过来，关起门对我说：'你永远是我心爱的人。不过，你到底是谁？'"他对同父异母的姐姐有了异性恋的移情。

姐姐就对他解释说爸爸之前结过一次婚，她是他的女儿，让-保罗是他的儿子。这就是他们俩都喊他爸爸的原因。孩子似乎聚精会神地听着。不一会儿，他抖动着一只耳朵，然后是另一只，嚷着说："天哪！天哪！太复杂了。"姐姐说："要我停下来吗？"孩子回答："不！继续说。"

于是她试着对弟弟解释所有的事情，并指出家里每个人的位置。他说："我懂了！我现在懂了。"然后，他就开始迫不及待地找东西吃。他已经有三个星期没有好好吃东西了。他狼吞虎咽地吃着。父亲说："我都不认得他了。"女儿对他说："您看，还是应该向他解释清楚。"只不过他已经被父母带去做了脑部检查。

这个孩子在理解的隘口——耳朵——上有了躯体化的表现。他开始退行，有点像幼虫或是胚胎的状态，整天"昏昏沉沉的"，不进食，也听不进任何事情。

有趣的是，这类现象甚至可以让医生误以为是生理问题所引起的一连串身体反应。

姐姐告诉我，弟弟完全恢复了健康，而且还给父亲上了一课。男孩对爸爸说："你是我爸爸，你不是亚当。"父亲的名字是亚当。这让一切变得复杂了。就像我对你们说的那样，为了不让自己感觉老气，他让小儿子喊他亚当。孩子对父亲说："你不是亚当。对妈妈来说，你是亚当。但是对我，你是爸爸。"才两岁半啊！这个男孩非常聪明。姐姐对他解释说，他喊亚当的这个人也是她的父亲。她也同样对他说到了那颗小种子，以及同父异母兄弟和同父同母兄弟的不同，因为这个孩子还有一个比他小的同父同母的弟弟。

我们在这个孩子身上看到了生命力彻底的抑制给死亡驱力提供了空间——仅以最低的需求来维持身体，拒绝对他造成混乱的象征性话语关系。他完全迷失了。其实，我们应该早一点对他解释这一切。但是，迟来的解释总比没有好。这能让一切都恢复正常。这个孩子一出生就活在混乱中。

＊＊　＊＊　＊＊

多尔多：我想到了发生在一个青少年身上的类似的例子。这种混乱引起了我的兴趣，也让他的父亲十分惊愕。

这个长得不错但学习迟缓的十二岁孩子说一口流利的法文，却不会写字和算术。所以，他完全不能适应学校的教育。他在家中过着退行的生活，每当要离开家都会显得十分焦虑。直到有一天，我们帮他找到了一个愿意接受他的寄宿学校。

我只见过这个孩子一次。他好像总是在嘲笑别人。他是一个子女众多的家庭中最小的孩子。在他看来，这个大家庭就像令人难以忍受的大杂烩。姐夫们是哥哥。他还把大姐当成表姐。我问他："那妈妈呢？你妈妈叫什么名字？"结果，他说出了非常令人意外的话："我妈妈，她没有妈妈。"他认定他的妈妈没有妈妈。我对他说："这怎么可能？每个人都有妈妈。""您别开玩笑了。我可以向您保证，我的妈妈并没有妈妈。要不然您可以自己问她。"

父亲就在候诊室，我对他说："需要我们去问问你父亲，来了解一些事情吗？"可以确定的是，孩子见过他两年前过世的外祖母。外祖母是他妈妈的妈妈。但是，对他而言，那是父亲和母亲的母亲。他父母结婚了，但他总认为他们是兄妹。

离开时，父亲对我说："我妻子和我同一个姓。"因此，他妻子的母亲和他自己的母亲带着同样的姓。也就是说，孩子的外祖母和祖母有着同一个姓。

这个孩子六岁后常常补习语文和其他课程。他觉得我不相信他的妈妈没有妈妈，而他一直以来深信不疑的是有人是没有妈妈的。他坚持对我说："您不相信我的妈妈没有妈妈。不是每个人都有妈妈的。不管怎样，即使别人都有，我妈妈也没有。"他没见过外祖父，但是外祖母在他家住过，男孩的母亲喊她"妈妈"。我很明确地对他指出了这些，父亲也提醒他："你记得很清楚。"他却只是像婴儿似的痴痴地笑。

这是单纯的智力发育迟缓。他在青少年时期开始有一些类似焦虑的障碍，不想再去学校，后来就辍学了。人们察觉到有些不对劲。他的家人说："他很喜欢动物，也喜欢追鼬鼠，找兔子。他可以在农村找点事做。"

其实，在这样一个有众多孩子的家里，前面几个孩子都顺利长大成人也已经让父母放心了。大家有时会说："这个最小的孩子真是个意外。"父母没有想到在前一个孩子十岁时，又有了一个孩子。孩子哥哥姐姐的年龄都十分相近。父母很高兴有了这个孩子，虽然那时母亲已经做祖母了。

由于从来没有人和他解释这些基本的亲属关系，孩子开始退行。

参与者：在理论层面上，通过诠释来做这类澄清关系到什么？

多尔多：可以解释一些蠢事，正所谓"家庭的愚蠢"。但愿每个人都可以从中解脱出来！这把人给物化了。也就是说，他并没有被看作两个非兄妹主体结合的代表。因为如果是兄妹的话，这就是乱伦。

孩子宁可他的母亲没有母亲。在他眼里，母亲是父亲的姐妹，以至于存在一个阻碍他社会心理发展的乱伦中的理想自我。

参与者：在刚开始晤谈时，我们经常接触这类错综复杂的事件。如果直接从孩子的理解水平着手，会不会比较好？

多尔多：是的。不过在这个案例中，情况已经明晰许多。父亲非常意外地得知，儿子完全没有弄懂亲族之间的关系。对儿子来说，父亲代表着一个理想的自我和乱伦的形象。这解释了为什么孩子几个月来不愿意去上学。

结果就是他在一个特殊学校待了三年。他对学校的负责人有了"同性恋般"固着的依赖。但是已经有好几个月了，负责人没办法让孩子在周末回家后的星期天晚上回到宿舍。男孩坚持睡在母亲的床上，这是他在七八岁以后就不再做的事了，但在青少年时期又开始了。这些生殖—性的冲动是乱伦的，而这个孩子将它视为理所当然。不过，并没有在性的层面上的乱伦，因为他似乎在生殖—性欲上发育得很慢。父亲告诉我，他看到过其他儿子手淫——他觉得那很正常，这个小儿子却从来没有手淫过。这个孩子喜欢糖果，也很贪嘴，动不动就偷吃冰箱里的东西。他一直都是这样的。他寻求口欲的满足，即便在餐桌上已经吃得很多了。他圆滚滚、肥嘟嘟的，看起来比实际年龄小。你们可以想象，父母给他做了所有可能的检查，他身体所有的器官都经过了仔细的筛检。

他宣称自己目前不能去学校。他不是腿疼，就是头痛，但只要一躺在母亲的床上就没事了，即使她当时不在床上。比如，当父母外出时，他就躺在父母床上母亲的位置上。他在死亡驱力里以嗜睡的形态来退行。

在这样的状况下，他是不可能有青春期的。他甚至不能进入对俄狄浦斯期的阉割。要明白，他父母年纪很大了，相处模式像一对兄妹——他们已经做祖父母了。他们有几个和小儿子年纪差不多的孙子。这个男孩没有自己的位置。所以，他必须回到父母的床上重温儿时旧梦。因为在那里，有人会告诉他他是谁，谁是他的母亲，以及母亲是如何受到阉割的。否则，这就是个没有受过阉割的母亲，甚至没被生出来：一个没有母亲的女人。不过，我从来没有见过一个哪怕智力发育迟缓的孩子——他的智商差不多80——坚信这样的想法。

在学校活动之外，他一点也不笨。父亲告诉我，在许多小事上，如机械式的活儿，像是重新组装自行车，他都挺顺手的。很多对三四岁孩子来说相当复杂的活，他做得很灵活。爬树，掏鸟巢，只要是不太累的事，他都会做。因为他还是比较被动的，而且变得越来越懒。总之，他还是可以做些事的。

他的体态很滑稽。每个人都觉得他可爱。他什么话也不说，总是很温顺。

家里的其他孩子都很正常。这个小儿子比较特殊，过着和独生子没什么两样的生活。因为在他出生时，哥哥姐姐们都已经上学了。总之，对他而言，他们全都是大人了。

有个严重的问题，就是他始终搞不清楚，比如一个男人是不会娶姐姐或妹妹的。对他来说，姐姐的丈夫是她们的哥哥，因为她们结婚后就从夫姓了，甚至连家里的猫狗也都跟着主人姓。要不然就是把性别弄反，把公猫当作母猫。他会用母猫的名字喊公猫，让我认为它事实上是母猫。对孩子来说，这或许是个好现象，因为猫代表着雌性的冲动（即便是公的），有别于狗是雄性的冲动（即使是母狗）。当他把母猫说成公猫时，可能表示对他而言，所有被动性的冲动都是属于男性的。

他知道自己是个男孩，也把自己的性别归类成男性。他并没有跨性别的想象。他是个男孩，只不过他有个没有母亲的母亲。

也可能是由于父亲在家喊岳母"母亲"，而妻子喊她"妈妈"。父亲对我说："这让我很吃惊，因为他非常喜爱外祖母。"然而，当他问儿子"你记得外祖母吧？也就是妈妈的母亲"时，男孩完全明白不过来。很显然，他没办法区分"外祖母"①和妈妈的母亲之间的关系。外祖母对他来说当然是他的外祖母，但是并不代表同时也是妈妈的母亲。

我对他说："这么说，你父亲有两个母亲？""啊！也许吧！是的，没错。"

我认为如果不先解决他遗传上的亲子关系，是没办法治疗学习障碍的。他们家在乡下养了狗。我相信这个男孩知道所有

---

① "外祖母"和"祖母"在法文中是同一称呼。——译者注

的狗都有一个母亲。他或许不知道它们也有父亲。

他被这个象征体系的缺乏束缚住了。这也是第一次——你们可以看到这个例子在我的临床经验中出现得很晚——我听到一个孩子顽固地对我说他的母亲没有母亲。我不知道小孩子是否常会这么说。我们又怎么能设想一个人没有母亲呢？这简直是无法想象的事！

我说这些，是为了分享我的经验，特别是和你们这些刚刚从业的人。

这个孩子进入一个与社会脱节、严重退行的阶段。然而，早在他六七岁时，当看到他缺乏阅读写字的能力时（朗读障碍一直持续着，所以我认为他有难以纠正的顽固型阅读困难和轻度学习障碍），我们就应该从他的亲子关系着手，来发现这个象征性的缺乏。他说话时句法没有任何问题，肢体动作也比较灵活，不用刻意学习就能很自然地做一些手工活儿。他的哥哥姐姐和他有着同样的外祖父母以及祖父母，他们都有一样的姓氏。只有这个最小的孩子没有进入俄狄浦斯阶段，以为他的父母是兄妹。为什么只有他才陷入了亲子关系如此混淆的状况呢？

第八章　关于听不见的声音

有时听不到患者所说的话——雅各与天使摔跤的梦，以及关于粪便的梦——双胞胎——只认同自己小时候的孩子

参与者：我想谈一位三十岁左右，已经在我工作的日间病房住了两年院的女病患。几个月前，她来找我晤谈。事实上，我负责一个胶泥工作坊，之前曾建议她参加。她对我说："我很想参加，但是我什么也不会。我的手笨得很，什么也做不成。"我对她说了工作坊的时间和地点，邀请了她。

一周后她要求见我。她先是说了自己异常的感觉，并觉得自己和别人不一样。

就这样，她来了好几次，对我叙述说她觉得脑子空空的，没有办法想事情。

她说话时神情非常特别，气若游丝，眼神空洞，不停地搓揉双手，一句话重复好几次才能说完。我实在很难了解她在说什么。

　　她叫安娜，来自一个有八个孩子的家庭。她从不提自己有个孪生哥哥，也很少谈家人。偶有提及，她也只是用类似"其他人"的字眼来形容自己的兄弟姐妹。她也从不提已经结婚生子的孪生哥哥的名字。她的名字是安娜·玛丽-约瑟。我们都叫她安娜。她说，家里每个女孩的名字前都有个"玛丽"。

　　她谈到死，谈到自己有死的念头，以及一年前母亲的去世。有天傍晚，在医院里（非工作时间），她把我稍稍拉到一旁，对我说："您知道，我说过我想死，但其实那不是真的。"我建议她再过来和我谈谈。

　　晤谈时，她说话十分费劲，我很难听清她的声音，每次都不得不弯下身子，竖起耳朵仔细听。我也好几次不得不对她说："我听不懂您说什么。可以再说一次吗？"就像我对你们说的，每次晤谈都需要很长时间，因为她总是得重复好几次前面说过的话。晤谈结束时，她总是说："来这儿说话，让我觉得舒服多了。"尽管两分钟之前，她还说到母亲的死和自己想死的欲望。她一边重复说药物对自己起不到任何作用，一边很吃力地对我说："我不想再见到您了。"

　　多尔多：她处在这样的状态中多久了？因为她有个孪生的身体，所以她认为自己不是一个主体。因为孪生哥哥下面有个等同于头的性器官，上面还有一个头，所以自己的头必须是空的。她应该是把位子让给了哥哥，好让他成为一个主体；而她是"非"主体，一个被剥夺的主体。她不想死，但她不是主体。事实上，她只是客体。

如果她有一些零用钱，是足够付费的。[①] 等她出院有了工作，就可以付分析的费用。如此一来，就可以让她和你维持治疗的关系。因为在治疗中和你说完话后觉得舒服的这个人，似乎与治疗之外和你说话的那个人不是同一位。在外面，她觉得自己是主体；然而和你在一起时，她觉得自己是个小女孩。她对你说："您知道，这个小女孩对您说的并不是真的。我不想死，但是对您说话的小女孩告诉您她想死。"她不想替那个小女孩付费。也就是说，她不想替渺小、未成年的那部分自己付费。所以，必须让患者为自己付费。即使是还住在父母家的、没有工作的青少年，他也必须根据自己的经济能力来付费。

另外，当一个人来到躺椅上做分析，或是做心理治疗，说话不想被听到时，不要强迫他提高声音。你要接受自己处在一个受限制的、无法听到的位子上。而且，她并没有对你说："和您说话让我觉得舒服。"她说："在这里说话让我觉得舒服。"所以，她不是在对着你说话。事实证明，当没有对你说话时，她在自言自语。她还是说了话的，只是你没听到。对她来说，她是自己的精神分析家。

---

① 社会医疗保险降低了心理治疗的费用，有时甚至免费。所以，住院期间用零花钱即可付费，出院后会依据患者不同的需要决定是否继续治疗。——译者注

在没有对你付费时，她是自己的精神分析家。只有在她付你费用时，你才是她的精神分析家。她来对一个听不到她声音的精神分析家说话是非常重要的。并不是说你的在场不重要，而是她把死亡交给了你。她来对自己说话。你就好像已逝母亲的替身。我认为你得接受待在这个死亡的位置上，因为她在这个时刻是在对自己说话。我想正是在这样的情况下，你可以帮助她，而不是强迫她面对现实中的你。你了解吗？晤谈时她虽然自言自语，但你是在场的。此外，她在诊疗室外面和你说话时，你是听得到的。

似乎在晤谈时，她所移情的对象是小时候那个没有将她当成"其他人"，用和其他兄弟姐妹一样的方式来抚养她的母亲。幸好母亲没给她和其他女孩一样的名字（玛丽）。母亲甚至给了这个女儿一个完整的名字，而不是一半的名字。可能母亲没有像抚养其他孩子那样来抚养她，因为通常来说，在一个有许多孩子的家里，双胞胎之间是可以彼此互补的。父母不会分别对他们说话。他们总是用"双胞胎"这个词，说双胞胎这个，双胞胎那个。

姐妹们的名字前总是冠有"玛丽"（叫她们时，"玛丽"这个名字常常出现）。对有三个名字的她，我们则总是以第一个名字来叫她：安娜。很特别的是，我们在这里叫她安娜。在福音书中，这是玛丽[①]母亲的名字。所以，她和圣母的母亲同名。

---

① 玛丽是耶稣母亲的名字。——译者注

也有可能是母亲看到这对双胞胎出生时，宛若看到了自己父母的出生。

小时候，她似乎没有任何女性认同的客体。她没办法找到认同客体，也没办法和哥哥融合在一起。事实上，她从不曾和哥哥融合过，他们是异卵双胞胎。她待在自己的胎盘里，完全没有和另一个人融合过。他们只是在话语中被融为一体……

参与者：在五岁以前，我们只喊他们"双胞胎"，从来没叫过他们的名字。

多尔多：我认为需要让她为自己的分析付费。这是一开始就要和她讨论的问题，而你却处在一个期待她来却又听而不闻的位置上。

至于她搓揉双手的姿态，就像是她通过双手，想表示但又想否认自己的认同感，或者更多的是，否认和哥哥的融合：想从哥哥的手中拿开那双让她觉得难受的手——好像她的手一直被哥哥的手压着，所以必须把手抽出来；又好像她从来没有过一双女性的手，而只有身体，只因为她和另一个人同时出生并且同龄。她在另一个胎盘里，也就是说，事实上她一开始就是一个个体——这是一对龙凤胎。然而在早期发展的阶段里，她和哥哥性别互补。特别是在话语里，他们从来没有被分开过。

肛欲驱力会在两岁到四岁时被阉割，进而在举止以及"作为"上，通过双手训练括约肌达到自主排便的升华。此外，口腔借由横纹肌的运动来产生话语，也如同肛欲驱力的投注。话语是口腔、嘴和咽喉一起生成的"工作"，是对气柱动力的控制与操作。在这层意义上，话语形成的原理和肛门肌肉的运动是异曲同工的。同样的道理，如果患者以微乎其微的声音说话，使你很难听清，这是因为她没有能力有所"作为"。她是在自己内心深处对母亲说话，这个谈话能使她成就自己。她和自己说话就像对母亲说话一样："我们在家里"。我认为这是非常正面的。不要企图了解她说话的内容。

我想起一个躺椅上的分析者，她之前已经看过两位男性精神分析家。第二位精神分析家认为她比较适合和女性精神分析家工作，所以她就到了我这儿。第一位精神分析家很快就将她转介给第二位。由于她说话的声音太小，第二位精神分析家几乎完全听不到，又把她转到我这里。这非常关键。

她在我这儿做了所有的治疗。可以说，除了三个梦以外，我什么都没听到。而这三个梦足够帮她朝着痊愈的方向发展。

在第一个梦里，她走在楼梯上，走廊两边有彩绘玻璃。（在她的故乡，似乎有很多装饰着彩绘玻璃的房子。）有幅彩绘展示了雅各与天使摔跤。这时，我听到她说："这是两个男人之间的搏斗，其中一个有翅膀。"小时候她并不知道这幅画像说的是什么。母亲就对她说："这是关于雅各的故事。"只不过我的患者并不知道两个人中哪一个是雅各。

在梦里她对这幅画着了迷，不知道自己在哪一层。一楼、二楼还是三楼？借着自由联想，我问她："在真实生活中，这幅彩绘是在房子的哪一层呢？"她说是在第一层。她对眼前的图像十分着迷，感觉似乎那个有翅膀的天使就是她——一个没有实体存在的人。

其他两个梦都主要和粪便相关。第二个梦是她来我这里大便，我的办公室堆满了她的粪便，好像她完全可以在晤谈前后钻来窜去。

第三个梦除了大便还是大便，尤其是她能十分满足和骄傲地制造出一堆超乎想象的粪便！

这名女子的头发梳得很奇怪，近乎滑稽，像个有卷发的小女孩。在叙述完那个有关天使的梦境后，她再来时，头发梳得很好，也修剪过了。事实上，她长得很漂亮。之前她就像个从来没有梳过头的孩子，老顶着一头卷发。

做了第一个有关粪便的梦之后，她就开始好好穿衣服了。在这之前，她老是穿得很邋遢，非常无所谓。

做了第三个梦之后，奇妙的是，她对我说，她要订婚了。

治疗初期，她闲置在家，没有工作。没多久，她要求改变晤谈的时间。其实我完全不明白她在说什么。她站着时能清楚地和我说话，但她一躺到躺椅上，我就没办法听到她说话。在躺椅上，她终于向我表示，因为找到工作，所以必须改时间。我对她说："您就直接告诉我，您几点可以过来吧。"她希望我可以依照她的意愿修改时间。我问她："您以前分析的时候换过时间吗？"（我觉得，她想对我使点心眼儿。）她回答说："没有。就是因为晤谈的时间刚好是平常人们工作的时间，所以我没法工作。"之前定的晤谈时间，都是针对没有工作的人的。我对她说："我们已经约好了这个时间，不过的确可以调整。"接下来，她没再要求更改晤谈时间。

之后，我知道她订婚了。因为我什么都听不到，所以完全不明白是怎么回事。事实上，她来我这儿排出了一堆大便，针对的是从来都没有教过她什么的母亲。

有趣的是，她有个很优秀的妹妹。当她开始接受治疗时，妹妹已经结婚了。她那时特别封闭，我们对她的诊断是精神分裂症。但其实她完全不是所谓"精神分裂"。

她是老大，有个妹妹，家人简直把她俩当作双胞胎。等到四岁的妹妹上学时，她才和妹妹一起入学。当时，她都五岁半了。一切都得依着妹妹。

我有次偶然遇见了她的第一位精神分析家。他问我："她对你说了些什么吗？她对我说的话，我一句也没听见。"我答道："我也没有，除了三个梦。"我们谈到了这场在某种意义上，没有实体存在的小天使和雅各（Jacob）之间的搏斗。患者的妹妹叫贾姬（Jackie）①，我是从其他精神分析家那里得知的。天使的翅膀受了伤，她自己的自恋也在妹妹那里受了伤。② 这应该就是这堆大便的由来。

她变得开始过自己的日子，也结了婚。有一天，她对我说："由于我丈夫的原因，我们要搬到另一座城市。我得停止分析了。"她就像之前来时那样离开了，而我对她依旧了解

---

① 似乎在多尔多看来，这两个名字发音相近。——译者注
② "翅膀"（aile）和"她"（elle）的法文发音相同，这是个同音异字的词语联想。——译者注

不多。

后来，我得知她有三个孩子，日子过得很好。当时她找我做分析，是为了解决和另一个女人的关系。被转介到我这里和女性一起做分析，对她来说也许并不是坏事。她可以经由女精神分析家来和过去做个了断。她在意识层面上把我否认了，就如同她自己之前被否认一样。只有通过废除我，她才能像妹妹一样在中产阶级的环境中获得新的存在和命运。我认为承受来自患者的挫败是非常重要的。

她家境富裕，并不缺钱，没有经济问题。已经成年的她有自己的银行账户，可以自己签支票，而且也开始工作了。

我当时还年轻，在自己任由患者调整晤谈时间这个问题上感到困扰。但由于治疗才开始不久，而晤谈时间也确实是在正常的工作时段，所以我还是接受了。如果一个人正处于就业年龄，却选择在上班的时段来做治疗，说明事实上他已经决定不工作了。

这个女孩有两个文凭——她说过"我的两个文凭"和一个我不清楚从哪儿来的执照。她是在一家贸易公司找到工作的。我不知道她负责什么，总之是能让她进入社会、重新找回自我价值的工作。她不再把头梳得像鸡毛掸子似的，开始穿适宜的服装，而不是很丑的不男不女的宽袖长外套。她真的变得非常漂亮。

仅仅因为把我放在了粪便和死亡中，她就意外地有了自恋性的转变。在沉默的晤谈中，她像小女孩似的咯咯笑着，非常开心地对我叙述这个梦：她在诊疗室里拉屎。她发出"咦咦咦"的声音，而我一声不吭地听着她讲自己的梦。

我在笔记上保存下她的信息，写道："空白，什么也听不到。要相信我不需要听到什么。"

在分析中，通常不要要求患者重复那些我们没有听到的内容。重要的是，患者才是自己的精神分析家。是我们的在场，以及付费给一个能胜任的人来聆听无意识这件事，让患者成了自己的精神分析家，而不是因为我们听到了什么或者了解到什么。我们不能自认为是好的精神分析家从而沾沾自喜。我们不过是在那里接收挫败和阉割，好让对方能够表达他想说的，以及了解他所说的。再者，在一些移情的梦里，我们会看到力比多所呈现的层面，就像刚才我提到的有心理障碍的患者。她内心堆积的恨只能用"去他的，去他的，去他的""我把你当狗屎，我把你当狗屎"①来表达。她把我看作一大堆狗屎，这让她最终可以从完全被否认和忽视的困境中走出来。

当患者与我面对面说话时，我是可以听见她的声音的，只不过一直是断断续续的。"我……我来……这……这里……因……因……为……没……没办法……我在……狄先生那里……狄先生让我去安铁先生那里。我在他那里两年。他对我说最……最好去见一位女性。"她说话就是这么吞吞吐吐的。

事实上，我觉得这种心理治疗形态的精神分析工作是没办

---

① 在法文中，"去他的""狗屎"等是同一个词"merde"。——译者注

法和男性来一起完成的。因为男性代表着主动以及阳具驱力，所以她不可能对男性胡乱说一通脏话，而且没办法以自己主动的驱力将这名男性淹埋在粪便里。但是，用粪便来淹埋母亲是没问题的，因为只有如此才能形塑出她内心所潜在的女儿、女人以及母亲。

在找我进行治疗之前，两年中，她在医院里像个无忧无虑的中产游民，一副中性的不受性诱惑的防卫姿态。这是唯一消弭生殖驱力可能性冲动的办法，她以此来遏止精神分析家玩味的眼光。她没办法接近男人，只能用这种方式对他们说："我让自己变成了一个对你们来说没有吸引力的客体。"她原本可能会成为父亲那一方的情爱对象，乱伦的恐惧使她自我封闭。父亲从不曾在她生命中占有一席之地，如果有，也只不过是"爸爸—妈妈"。况且，都是保姆在管教孩子们。我并不是从她口中得知这些的，是把她转介给精神分析家的精神科医师说的。后者见过她的父母。他们十分担心自己的女儿，因为她在家时完全像个宠物。妹妹结婚前，她总是和妹妹一起外出。她们就像一对双胞胎。妹妹结婚后，留下了什么也不是的她。她就像失去了孪生姐妹，没办法找到生活的乐趣。她就像是妹妹的替身。身为长女，她为妹妹牺牲了很多。两姐妹总是形影不离。她们的年龄也十分相近，相差十五个月，在人口众多的家里很容易被出双入对地带着。对于那些懂得表达的孩子，我们通常会有较多的关注。妹妹在社会上带着阳具（主动）驱力，她则是消极被动的。她总是追随着妹妹，处处依附她的看法，最终丧失了个性。

在这种如影随形的状态下，主体不能肯定自己，十分迷惘。她的身体和妹妹融合在一起，这使她产生了心智上的严重衰退，甚至会导致其中之一精神分裂——另一个人的生命将会成功，不论他们是不是真的双胞胎。对于成双成对的孩子来说，这是常有的现象。

例如，当我们说一个十五个月大的孩子"像她只有一两个月的妹妹"一样，"像她"那样拿着奶瓶，这是不对的。她之所以要奶瓶，只是想要回到从前，变成那个还没有断奶的自己。这是她自己生命中的一个象征性的倒转。这完全不是父母所说的"像另一个人"。这种相像是父母看到这些时的想象。对于孩子来说，这意味着牺牲自己十五个月的生命，回到一两个月大的时候。她除了抹杀自己十五个月的生命，还抹杀了自我性别的认知。她成了另一个人的胎盘，而这个胎盘最终什么也不是，被留了下来。

我认为了解这对类孪生的姐妹的房间安排是非常重要的。要去了解这些住在家里的孩子无意识睡眠的情形，因为在睡眠中，融合会更深入。

这就是为什么迟至十八个月大还睡在父母房间里是不恰当的。十八个月后他们什么都能感受到，甚至清楚父母间的肢体玩笑。但这些都不重要，重要的是，他们经受着这一切，却什么也看不到。因为直到俄狄浦斯期以前，孩子始终屈就于身体意象的驱力。

假设父母做爱时，婴儿在他们的房间，这并不重要。然而，当婴儿号啕大哭，好让大人把奶瓶递给他（他正值口欲期，就像在子宫里一样）时，父母欲望结合的张力会强烈刺激他的口欲驱力。而且，我们会用奶瓶来满足他（饥饿）的需要。同时，他像在认同母亲欲望的感受体验，或许，也是情爱。以父亲的阴茎这个部分客体的联结，父母的需要得到满足；对孩子来说，就像是我们给他奶瓶让他平息下来。

交互间的睡眠融合会导致个体分享他人的激情，不再与他本身认同。有些孩子由于彼此过着十分亲密的生活，甚至会做同一个梦，或是在梦境里相辅相成。

对于这类互补性幻想，我可以说说我在图索医院接待的一对双胞胎姐妹。我一开始在同一天接待她们，不过是在不同的时段，单独给她们做治疗。就像对其他孩子做的那样，这是为了不让她们被他人在咨询中所说的话影响。所以，她们分别来画画、玩胶泥和做模型，或是写些什么。她们总是带来彼此互补的内容：如果这个做了张桌子，另一个就会做把椅子；不管是画画还是做胶泥模型，一个做了有头、有身体、有两只手的娃娃，另一个总会弄出一个没有脸，或者有一顶帽子、一个身体和两条腿，但是没有手臂的娃娃。她们的画有个相同点，就是有个身体，有个躯干。她们彼此相辅相成。一个做了个酒杯，另一个就会做个酒瓶，就像需要两个人来"一同"发挥作用。有两个人却只有一把椅子，这对一般人来说很罕见，但是因为她们已合二为一，所以就会只放一把椅子。一方让另一方变得完整。

为什么孩子会在弟弟妹妹出生后开始退行呢？原因非常复杂。孩子退行到自己生命的某个时刻，这并不是对另一个人的认同。他是以认同来进行防卫的，因此要回到那个退行的身份里。他得先否认自己比另一个人在身体图式上具有优势的本质。在面对那个将他从对他来说不可缺乏的父母身边分开的人时，他拒绝了自己的发展。这个过程是非常复杂的。①

绝对不要说——别人可以这么说，但是精神分析家不能跟着这么说——孩子之所以退行是因为认同他者。不是的！他是在认同自己先前的阶段。这点是非常重要的。通常，我们说大点儿的孩子嫉妒刚出生的婴儿。事实上，他是第一次在家里看到一个比他还小，有时还是不同性别的人。他处在一个不寻常的经验中。然而，喜欢和认同一个他所爱的人，对他的发展并不会形成什么矛盾。在这种情况下，喜爱这个新生儿（就像他习惯于认同成人）会导致退化。让孩子形影不离对于父母而言似乎可以解决大一点儿的孩子的性格障碍：在这一特别经验面前，焦虑的原因被消弭了。"尽管有年龄差距，但我们对两个孩子做同样的事，这样就不会有嫉妒问题了！"父母以为这样有助于孩子和平相处，殊不知这会妨碍孩子人格的发展。

例如，不可以让姐弟和兄妹绑在一起，也不要让他们像夫妻似的相辅相成——我说的不是真的夫妻，只是借着部分客体

---

① 可参见《欲望的游戏》一书。

而凑成的一对。况且，人与人之间的关系不是那么简单的。并不是说有阴茎或阴道，然后，一个就是个男人，另一个就是他的女人。绝对不是这样的。我们不清楚对他们而言，彼此的身体代表着什么。这完全不在于一个男人和一个女人有怎样的"功能"，他们就真的是男人、女人。这些部分客体——阴茎、阴道——也许有互补的功能，但是我们一点也不清楚两个主体之间的情爱关系。

回到孪生子上。当其中学习较差的孩子接受精神分析时，另一个较优秀的孩子就会走下坡路，甚至会在兄弟姐妹痊愈时遇到挫败。

我现在说的这两个女孩从小就形影不离。虽说年龄只隔了十一个月，但当时看起来差别很大。她们同时入学，也在同一个班级学习。校长打电话给我，说要把其中一个送过来治疗。妹妹成绩优秀，名列前茅；但是，总是喜欢跟着她的姐姐已经退步到七年级都跟不上了。校长说："她几乎连八年级甚至九年级①的程度都跟不上。没办法让她留在这个学校了。我开始时没有察觉到她智力发育迟缓。她的样子看起来是可以跟上的，可能是因为总跟着妹妹的缘故。当然，我会留下这个学习好的学生，只是另一个需要想想办法。"

就这样，学习迟缓的姐姐开始了心理治疗，并被安置在一所接纳异常孩子的小型学校，包括天才型以及智力发育迟缓的

---

① 相当于中国小学低年级。越往上升，年级数越小。——译者注

孩子。

随后，我对校长说："很可惜您没有将姐姐留在学校。她已经接受心理治疗了，是会康复的。一下子改变那么多，对这两个孩子来说并不见得是好事。""绝对不可能！毫无疑问，我会把功课好的孩子留下来，至于另一个孩子，很遗憾。"

被认为智力发育迟缓的姐姐开始接受以精神分析的方式进行的心理治疗后，才几个月的时间，原本表现优秀的妹妹不仅变笨了，而且开始尿床。这对一个十一岁的孩子来说挺严重的。之后，她也有了一堆身心障碍方面的问题。

校长因为妹妹的问题打电话给我，说："您知道，那孩子的状况变得不太好。我不知道这是不是和她做精神分析的姐姐有些相关。对了，精神分析到底是什么呀，怎么把另一个给毁了？"我回答说："我之前对您说过，应该让她俩在一块儿。"他让我把这两个孩子送到同一个精神分析家那儿，理由是我曾建议他将孩子留在同一所学校。我说："不行。"

"但是，您说过最好把她和姐姐留在同一所学校。"

"学校是个社会，是意识的入门学习，但不是分析。她们必须有两个不同的精神分析家。对同一个精神分析家的移情，无意识中又会让她们重新纠缠在一起。"（我在和他说天书！）

事情最终顺利解决了。妹妹去了另一位精神分析家那儿，两姐妹也都痊愈了。

我想，这些问题完全源于父母方面的致病因素。他们把姐姐在妹妹出生时的退行当成对妹妹的认同。这个孩子不能了解父母生小孩的事情。在新生儿来临前，必须对家里最小的孩子做些心理工作。这是为了帮他们进入一个三角关系，而不是将他们放在一个两者相对的情境中。

当双胞胎之一来做治疗时，一定要特别小心另一位，因为我们不能一边帮保罗穿上衣服，一边把雅克的衣服脱下来。我们也不能以帮助一个看起来问题比较严重的孩子为借口来摧毁另一个主体。

第九章　精神病

乱叫的恐惧症儿童：狗和理想化的父亲——人工授精——
哮喘的孩子——结巴与面具

多尔多：有些孩子的治疗会被监护法庭中断。我记得一个
案例。一天，律师为了一份证明打电话给我。这是个因累犯而
入狱的男孩，持枪偷窃（携带一把没装子弹的左轮手枪）。相对
于单纯的偷窃，这算是严重的犯罪案件。

男孩之前在图索医院治疗过，当时只有十岁。等到我再见
到他时，他已经十二岁了。在将近两年的时间里，他换了许多
心理师。他们都无法和男孩有真正的接触。他发狂，有恐惧
症，大声吼叫，谩骂每个人，特别是舍监亚尔雷特太太。总
之，这是个走投无路的孩子。我也被征询是否愿意接待并治疗
这个孩子。当时，我带了几位儿童精神分析实习生。或许他会

愿意让我来做治疗，但是不希望有其他人在场。

后来，让步的是我，因为这个既不会读写又尿裤子的孩子情况十分严重。他十岁了，动不动就乱叫——既结巴又乱叫，在开口说话前总要像狗那样吠叫一番。我到另一个房间和他单独相处，而他蹲缩在角落里，没办法和我说话。除非我靠在门边，这样他就可以边和我说话边乱吼。与人交谈着实让他十分惊恐。

他之前被托付给儿童福利院照顾。在他的故事被重新建构后，他痊愈的速度也出人意料。我们从病历中得知，他是家里最大的儿子，最大的孩子是个女孩。他并不知道姐姐不是父亲亲生的孩子。他后来有了三个妹妹。最小的妹妹出生时，他六岁。在他八岁时，弟弟出生了。大姐不是父亲的亲生女儿（没有人知道她的生父是谁），她是被外祖母抚养的。父亲接纳并且认她做女儿。男孩和三个妹妹都是由祖母抚养的。这个家庭来自北非。父亲曾是个拳击手，但是由于没有足够的比赛来谋生，后来就成了救护车司机。这是在治疗初期，我们所了解到的孩子的家庭状况。

有意思的是，男孩开始治疗时所画的图几乎空无一物：一抹淡淡的色彩和简单的一笔。不过就是在这儿，他生命中的故事都重现出来了。这是个意外，他在要赶上父亲的同时被"杀死了"。他就这么一边追赶着父亲一边死去。我说："你没有被杀死呀！你还在这儿好好地跟我说着故事呢！"这个提示引起了他很不一样的反应。他叙述说，当时他在田里，父亲在公路的另一头。他很高兴看到父亲，于是就穿过公路，然后"像狗似的"被压烂了。他是这么说的。这或许是幻想。我说："你是不是在做梦？也许你在编故事？"就在这时，他撩起了内裤。因为没办法整个撩起来，他索性把长长的内裤脱了。有一条很大很吓人的伤疤，从胯骨到膝盖，然而病历中完全没有记录这件事。

我们可以从他叙述的意外出发重新建构故事：他像条狗似的被压烂了，他死了。后来我才知道，在这场意外之前，他既不结巴，也不会尿床或尿裤子。

他因为开放性骨折在医院待了三个月，又花了六个月做复健，没有回到养育他的祖母家。在这期间，父亲常去医院看他，结交了许多医院工作人员，并成为公共救护车司机。凭借这个身份，他申请到巴黎郊区一处有六个房间的住所。于是，这对夫妇说："我们把孩子全部都接回来吧。"男孩回家时八岁了，弟弟刚出生。这是在他之后第一个也是唯一一个男孩。悲剧就是从这里开始的。男孩回到家后，诚如母亲所言，得马上被"驯服"。母亲是个很强壮的女人，从来没抚养过自己的孩子，只对男孩这个刚出生的弟弟有所照顾。八岁的男孩看着母亲照顾弟弟。

让父母气疯了的事情，正是在孩子瞧见父亲从马路另一边过来，然后自己想跨过去赶上父亲那一天。父母收到了一封通知书，说他们的儿子常常不去学校。他们十分错愕。父亲就到祖母那里（他常去）询问，祖母说："当然有上学！早上他去学校，傍晚回来。"父亲后来才知道，学校甚至不认识他儿子。他是注了册，但是从来都不见人影。反正这孩子一直在逃学。对许多事物，他总是既好奇又感到很新鲜。在他生活的郊区，他认识所有的工人和盖房子的人。他一天到晚都在外头跑，从来没有去上学。

就在他想跑到父亲跟前的那一天，他像条狗似的被压烂了。几个月后，他没有回祖母家，而是回到了父母身边，来到了一栋陌生的房子，房子里有个刚出生的宝宝。母亲还要驯服他。很自然地，他开始在裤子里大小便，说话也结巴了。母亲受不了他，孩子从此就处在困境中。曾是拳击手的父亲则很温和，一点也不暴力。如他所言，他是在非常传统的环境下成长的。这个家是母亲"当家"。

一个从未接受学校管教的孩子，突然要被母亲约束、驯服。因此，他患上了精神病。

由于父母没有办法照料他，他被托付给一个在第二次世界大战后为犹太儿童成立的福利院。这些都是非常好的机构，最初是为那些失去父母的孩子设置的，后来也照顾有社会问题的孩子。我们也不明白为什么这孩子就那么想让所有人讨厌且抛弃他。他非常聪明，但是不会读写，像条狗似的活着。

就在他朝着父亲跑过去的那天，所有的事情都集结在一起了。如果往拳击手（boxeur）父亲那头跑去，会被车碾过，成为被压烂的拳师犬（boxer）。父亲后来成为救护车司机。这对孩子来说，并不是件特别值得骄傲的事。这并不比有个当拳击手的父亲或做警察队长的叔叔值得骄傲。

我后来才知道，母亲说过："我的婆婆像养条狗似的养他。"孩子从小就在狗的氛围里成长。他到处乱跑，回家只是为了狗食。就是这个样子。他有两个妹妹已经上幼儿园了，第三个妹妹则还太小。

幸亏在那些形容词里重新找到出人意料的含义，像是"拳击手""被压烂的拳师犬"，这孩子开始好了起来，尤其是能去上学了。同时，他觉得父亲停止打拳是因为怕挨揍，而他自己则有触摸恐惧症。我对他解释说，并不是因为这个原因父亲才停止打拳的。而且多亏了他，父亲才能成为救护车司机，才能赚钱养家。我又说，因为需要载送病人，所以只有非常强壮才能开救护车。总之，我让父亲重新获得了一些尊严，又对他说，幸亏这样，父亲才能申请到能让全家人住在一起的住所。

至于父亲本人，他有个兄弟在警察局。他只提到了两个兄弟——他也有姐妹，但从不提起。有趣的是那两个兄弟。一个是警察；另一个是家里最小的，和母亲住在一起。男孩和小叔叔很熟，因为他曾和小叔叔一起住在祖母家。所以，他是和父亲的弟弟一起长大的。这就是为什么父亲总是说："我儿子会像我弟弟[我们叫他雷昂（Leon）]那样成为不折不扣的笨蛋。雷昂在阿尔及利亚战争中遭遇了很大的事故，后来就像个傻瓜，只会工作、吃饭、睡觉。"男孩非常喜欢这个叔叔。他整个人都处在"狗"这个能指的氛围里，并且围绕着这个叔叔。

孩子在之后一年有了很大的进步，也能跟上些学习进度了。十二岁的他在三周内学会了读和写。他重新找回了作为人的身份。就是这些了。

不过，他会偷东西。对我来说，他只是"掠取"，并不是偷窃，因为他不是出于什么目的才去拿这些东西的。他拿了钱也不买东西，只是随便找个地方把它们藏起来。接下来，我们来看看这种状况是怎样被应对的。在此之前，他就像个烫手山芋似的被两位心理师推诿着，也有两三个辅导员抱怨说根本不可能来照顾他。只要他们一靠近，他就拳打脚踢。当然，这是因为他患有严重的触摸恐惧症，接触对他来说是很可怕的。他无法忍受关心呵护！就在和身为女人的我进行治疗的那段时期，有新的辅导员来到了这个机构。这正好是治疗的转折点。当时父亲在男孩眼里重新有了尊严。男孩紧紧地抓住了这位辅导员。"你要教我读书，我要赶上自己的学习进度。"这位优秀的辅导员很用心地照顾孩子，使他进步神速。对孩子来说，现在他有"薛居（Serge）先生"和"多尔多夫人"。有一天，辅导员对我说："您知道，他现在对星期二上午不能来上课感到非常苦恼。"（这是和我晤谈的时间）我提醒他："尽管如此，他还是有偷窃的行为，是不是？""自从我负责他起，他就不再偷东西了。"他回答道。这的确是事实。

让薛居先生感到遗憾的是，每当他告诉父亲男孩的状况非常好，上课时专心，也不再说话，父亲便反驳说："这不是真的。我知道他就像雷昂那样。我很清楚您这么说是为了让我高兴。我知道他就像雷昂那样。"真是拿他没办法。父亲把儿子和弟弟归为同类。于是，薛居先生就对男孩说："如果你能做一些证明，你父亲就会相信了。"我告诉辅导员："您正好可以借机问问他，是否考虑让我们治疗他在战争中受创的弟弟。他和这孩子一样聪明，也同样遭遇了意外事故。"

儿童福利院的工作人员曾非常仔细地收集病历资料，他们解释了自己的疏忽："您知道，我们没办法想象这孩子出过意外。因为他父亲除了提过弟弟的意外之外，从未提过这件事。而且，他总是在说儿子不好时顺便提到意外事故。因此，我们以为这个所谓'意外'，就是这个孩子会像他的叔叔一样生病的意外。"这些就是机构所记录的信息。当时没有人注意到孩子有个从胯骨到膝盖的恐怖伤疤。当我提到这些事时，机构里的每个人都非常遗憾。这没什么大不了的，与中断治疗所导致的后遗症无法相提并论。一切都进展得非常顺利，直到有一天薛居先生走了。很可惜，他要离开机构了。

孩子要求过来见我。辅导员的离去让他感到非常悲伤。我对他说："你一定会有他的联络地址的。"我们试着想办法拿到了薛居先生的地址。随后，我说："你下学期再来。"这时学校已经放假了。他后来告诉我："薛居先生没有回信。"想必那并不是正确的地址。

这个男孩是个好学生，但他又开始偷东西了。父亲也因此把他痛打了一顿。我们就这样把他留在了这条不归路上。若干年后，律师打电话给我，说："这个男孩十分聪明。"

他那些掠取的问题一直还没有经过分析。他才刚重新尝到做人的滋味。我们都还没来得及分析当他回到父母家时，他需要弥补那些母亲身上被弟弟占据的东西。他不仅被禁止去探望祖母，还看到从未照顾过他的母亲如此温柔地对待弟弟，这让他感到十分挫败。

这个机构在精神图表上将孩子归为有性格障碍的类型。

哎，就这样！想必是我没有向负责人解释清楚：这个孩子必须再来做治疗，不为别的，单就为了他偷窃的事。然而，他的这一症状并没有被分析。这个机构只对这样的行为给予惩罚，最后再把他归结为社会的负担。

在刚脱离如此严重的状况，留下了像他那样的症状时，是需要继续分析下去的。

他对自己的偷窃行为是有罪恶感的。也许他不好意思和我说这些事，也许是因为没有人愿意站在他的立场，心平气和地和他讨论，他就只好去偷东西，甚至去偷那些在学校里认识的人。他在学习上似乎取得了很不错的成绩，渐入佳境。但自从高考失败，他就开始像不良少年那样偷东西。他的家庭非常正直，所以他的下场很惨。这不是被接受的错乱，而是神经症。有根深蒂固偷窃癖的孩子都属于有某种神经症。他完全是在没有意识的情况下偷东西的，因为他绝对有能力谋生。

犯罪行为说明孩子有良好的健康状况，只不过他们的自我感觉并不好。这样的案例经常让我们感到震惊。这也让我们看到在工作上，我们永远都做得不够好。而且我也不知道在机构主动提出中断治疗的情况下，我们还能再做些什么。

参与者：我们能否多思考思考父亲一直不能接受儿子这件事？这让我十分震惊。

多尔多：是的！这个孩子没有被接受，虽然父亲非常爱他，也说这是他最喜欢的孩子。这个男人非常爱自己的弟弟，也很爱自己的儿子，但他只能用负面的态度来爱这个儿子，认为他将会和自己出过意外的弟弟一样。

直到开始治疗，我们才明白其实那场意外才是他整个生命前后断层的起点。之前我还以为是母亲的愚蠢对待造成的。就连母亲本人也承认这一点。不过一切都太晚了。

我想再补充几点，相信在座各位会比较感兴趣，就是关于孩子家庭的观察。首先是他父母在搬进新住所时，把大女儿（母亲婚前所生，后来也被父亲承认的女儿）接回家了。我听说在治疗期间，男孩回到家后才知道这位姐姐的存在，同时又见到了出生不久的弟弟。机构提供的信息只是说姐姐"令人头疼"，没有其他的了。在中断治疗前不久，机构表示，男孩的父母觉得"治疗已经够了"。原因之一是姐姐也开始找麻烦。她也想像弟弟一样去看医生。她忌妒继父的亲生儿子。母亲对待这个女儿一直很粗暴。她拒绝让女儿接受治疗，认为得好好"驯服"她。总是老样子（就像对儿子那样）。她替女儿找了一所可以驯服她的寄宿学校。女孩大概在弟弟结束治疗时开始离家出走。她当时快十五岁了。

另外，母亲总是不断指责丈夫偏袒婆婆。她很严肃地认为是婆婆没有把孩子带好。我问："您太太对最小的孩子也是那么严厉吗?"父亲回答:"没有,她对他总是非常温柔。"

总之,父亲非常不快乐。我想他在面对大儿子时,心情是非常复杂的。更多是一种不信任的态度,好像他不可能有个好儿子。当我们对他说他儿子非常聪明时,他马上会重复说:"他会像雷昂那样。"显然,父亲有很大的问题。由于拳击对他而言意味着志向,所以放弃拳击让他感到非常羞耻。

一方面,父亲在社会价值这部分自恋上受挫;另一方面,母亲不喜欢帮自己带孩子的婆婆。再者,这个机构以不准去看祖母来处罚孩子的偷窃。依照规定,他有权利每周回家。他通常会每隔半个月回去看看祖母。因为偷窃,在母亲的要求下,他被禁止回祖母那里。母亲认为他之所以会偷窃,是因为祖母养育不当。

这是个悲剧。对我们来说,其中有许多值得思考的地方。如果过早停止治疗,会造成许多麻烦和混乱。尤其是那些没有被处理分析的症状会不停重复。试想像薛居先生那么好的辅导员,如果可以在机构里多待几年,这个正处于同性恋阶段的男孩就可以脱离这种掠取性口腔强迫冲动(因为他像有狗嘴巴似的,总是想要去掠取)。他还会把偷来的东西藏起来,就像狗把骨头藏在窝里。

还有就是,这个男孩承受着自恋型的伤害,以至于无法接受别人的照顾。母亲有着引以为耻的往事,机构档案曾提及:当对机构心理师讲述往事时,母亲宣称男孩是第一个孩子。心理师很惊讶地说:"啊!我以为你们另外有个大女儿呢。"母亲就闭嘴了，不再吱声。父亲回答说："这是个意外。我可以保证我太太是个行为端庄的女人。"由此我们可以了解到，母亲因为大女儿被丈夫接受和让自己母亲抚养，感到十分自卑。所以，母亲也像父亲那样有着自恋上的受伤：母亲对大女儿，就像父亲对弟弟，自我社会价值低下——他那么想成为像塞尔当（Cerdan）①那样的男人，最终却只是个救护车司机。

参与者：您可以具体说些您之前提到的画吗？

多尔多：这个男孩画了淡蓝绿色的大圆弧，下面空无一物，然后又在空白之中添了一笔。我问他那是什么。那是他父亲站在长满草的路上，或者是他在草里：他在那条路上被"杀死了"。总之，他说自己像狗一样被压烂了。确实，他的人性就在那天被扼杀了。

我们在这里能看到肛欲驱力的瓦解：大小便失禁，以及受伤所带来的创伤性经验。几乎没有人来医院探视他。他还口齿不清，结巴。在来图索医院前，他已经做了无数次脑部检查。每当处在恐惧的状态时，他就会摔砸东西，要不就是拳打脚踢。针对这种突如其来的愤怒，医生给他用了很多药。他的攻击性让我们没办法靠近他。总之，他完全表现出"小心恶犬"的样子。

参与者：难道那两年在和前两位治疗师一起工作时，他从来没有画过那样的画？

---

① 法国有名的拳击手，原籍阿尔及利亚。——译者注

多尔多：从没画过。他不想给人任何东西，总是说："不要！不要！不要!"一开始带他去图索时，就像是把他带到精神病院。他拒绝治疗。对图索以及福利院而言，这是个令人头痛的案例，因为我们看到了这个聪明的孩子一副走投无路的样子，但却不知道该如何接近他。

我说过，开始时我必须到另一个房间去看他。在课业开始有起色后，他开始愿意接受在其他人面前做咨询。当然，这对他来说并不自在，但为了我，为了能和所有人一样，他还是接受了。我对他说："你看，你现在是可以办到的，而且你成了优秀的学生。你非常有能力，每个人都知道你曾经遭遇的困难。"不过对于当众咨询，他还是有些焦虑的。或许这使他在谈到那些有关偷窃的事情时有所迟疑。这是他在辅导员薛居先生身上固着的尊重所留下的唯一症状。

＊＊　＊＊　＊＊

参与者：如果一些夫妻中不孕的是男方，而女方借由精子银行人工受孕，精子是匿名者捐赠的，这在"父亲"的意义层面上会产生什么后果？

多尔多：当然会产生一定的后果。对我而言，我见过一些到精神分析家那里对此提问讨论的人。但老实说，我一点儿也不明白，也没办法了解，因为这些人不愿意进入分析。在做这个合情合理的决定之前，他们总是"似是而非"，那我也就只好任由他们"混水摸鱼"下去！不应该随意碰触这个非常复杂的问题。这似乎关系着一些感情非常好的夫妻。一旦碰触，我们完全不知道将会发生什么。因为这些人里没人想要做精神分析。"这样做好吗？我丈夫不肯，但是我觉得没什么。只不过如果医生同意我做，我可能不认为那是我丈夫的孩子。但我真的想有自己的孩子。"她们总是这么说。也有一些并不焦虑的人向我提出这类问题。我也看到过一些非常焦虑的夫妻。其实在他们当中，男人就是孩子，而女人像是青少年。我真的不认为我们有办法回答这些问题。他们会通过分析，自己找到答案的。我们不能拒绝去聆听他们，但是的确也不知道应该怎么回答。

我认为这个问题其实很奇怪。如果一个女人真的爱一个男人，她会接受这个男人生理上的不孕。他们可以找到其他赋予他们夫妻关系意义的方式，比如领养。

对于我所提到的一对夫妻，领养是行不通的。孩子不是妻子的小孩，这对丈夫来说是不可接受的。也就是说，他没办法去爱这个孩子，也不可能成为孩子的父亲，因为这个孩子不是他的妻子生的。这到底是什么意思呢？

参与者：他只能接受妻子生的孩子。

多尔多：或者说，这是一个和女性认同的男人，他恨不得自己拥有妻子的子宫。妻子不论和谁有孩子，他都会要的。理由是他不一定知道自己其实是同性恋。他也完全没办法成为象征性的父亲。

如果我们不仅限于观察，精神分析对这类案例的研究会十分耐人寻味。这两个当事人完全没有足够的动机来做精神分析。他们只需要一个针对问题的答案，然后等待别人为他们所要做的事情负责。

当然，也有许多人到处寻医问诊。即便是妇产科医生都已经准备好来帮他们"做菜"，我说的是，准备帮他们进行人工授精的手术，那也要能找到当天的精子。

参与者：这在临床上常见吗？

多尔多：我不知道。这得问妇产科医生。我看见过一些出生通知的小纸盒："某某女士：儿子（或女儿）出生。"还附带批注："人工受孕"。然后她们就等待着被祝贺！

参与者：不过，至少要知道精子捐赠者的名字。

多尔多：有些捐赠者并不想照顾孩子。有些人会因为让女人怀了孕，而依法给予孩子他们的姓氏，但是后来就不想管了。如果孩子日后有成就，事业也比较成功，这些男人就留在那里做他们的父亲。说穿了，这些不负责任或游手好闲的男人之所以会再回到儿女那里，只不过是想被供养起来。

在这种情况下，即使他们把姓氏给了孩子，对孩子来说也没有任何好处。一个冠父姓的孩子，有责任在父母贫乏时陪伴、照顾并帮助他们。这就像是有人在卖自己的精子，或是把它摆在那里等待有所回报。

参与者：我想现在是不允许卖精子的。它必须是免费以及冷冻的。

多尔多：这就更能带来好处了！我见过幼年时被抛弃的人，即便如此，他们小时候也还是见过母亲的。所以，每当想起母亲可能都已经七十岁了，他们就感到非常遗憾。"我不知道她在哪儿，也不能为她做任何事情。我想她是需要我的。"对那些正在老去，去认同自己也年老的、无依无靠的父母的人来说，这是很悲惨的。对他们而言，帮助父母是天经地义的。

私生子女也已经被现今的法律承认。这点是值得肯定的。这样一来，孩子日后可以与父母建立起联系。由于被承认，私生子会产生家的归属感。我们知道在这之前，许多私生子女没有家庭，无亲无故。如果家中有老人，他们会觉得自己还不是太老。这些本身是孤儿的父母内心或许存在这种痛苦，我们对他们无从指责，原因是养父扮演了象征性父亲的角色。那些被养父母以爱心、物质照顾抚育的人，在生命中总会有一些时刻，想认识自己的亲生父母，想为他们做些什么。年轻时也许不会想这些，但是当年纪大了，他们会开始念及亲生父母也许处在孤苦无依的困境中，遗憾于没办法为他们做任何事。精神分析特别专注于年轻人，并没有太多考虑到银发族。然而，这份对被赋予生命的感激是确实存在的。这是我们在抚养孩子时，想到有一天自己会老去而产生的私欲。

这就是为什么探讨人工受孕对夫妻的影响会如此令人玩味。这并不是针对孩子的。遗憾的是，我们的生命不够长久，不能持续做几个世代的观察研究。或许，我们可以探讨这对夫妻在社会以及象征性方面的变化，来了解借由人工受孕，有了孩子后的父母能否成为象征性的父母，能否安于这样的位置。

参与者：您谈论的案例中存在一个告知的问题。如果妻子接受人工受孕，丈夫和孩子需要被告知吗？

多尔多：象征性的父亲是给予孩子姓氏以及爱他的人，同样也是赞成人工受孕的那个人。不过这对于同性恋关系升华上的要求比正常的父子关系更多。例如，一个男人娶了因被强暴而怀孕的女人，从怀胎开始，他就有成为继父的问题。这名父亲不会提出很多问题，他接纳了母亲，也承认了孩子。

不管怎样，我认为当一个女人必须找医生，求助于人工受孕技术时，也表示她在社会人际关系上很多时候是不知所措的。

参与者：做结扎手术的男人会在手术前，把精子存放在精子银行中。他们留下了也许十年之后会用到的可能性。

多尔多：我不明白这是为什么。在我看来，所有这些临床操作都有些病态，会产生一些做作的问题。

有趣的是，我们这里说到了父之名的问题！

参与者：对经由人工受孕出生的孩子，我想谈一谈有关自恋的问题。

多尔多：你要说的是父母的自恋。对孩子而言，父母是让他们活下去的人。世上所有的孩子都是经由父母获得合法身份的，他们受到父母的教育，也必然被他们接纳。

为什么一个想要孩子又爱自己不育的丈夫的女人，觉得求助于注射器会比自然的性行为对自己和丈夫更好呢——如果对方头脑清晰并且愿意放弃孩子？这是因为人们彼此之间没有信任，而且女人也担心生父想要拥有对孩子的权利。我想这完全出自相互之间的怀疑。这是由于潜在同性恋性欲的压抑没有被升华。

参与者：这也是母亲身上的象征性功能的缺失，因为有真实的母亲，也有象征性的母亲。

多尔多：我接到过一位走出精神疾病的患者的来信，把它拿给了研究字相的学者看，想知道她是怎么想的。她认为这是个聪明、优秀、有教养的人，可以是医生或工程师。然而在十五岁时，他的字非常幼稚，没有任何特色。

我吃惊于孩子在成长过程中笔迹的变化。我在图索医院见过一个十三岁的男孩在整个学年期间由于移情而产生的变化。他每隔十五天写一次信，代替原本应该和我进行的晤谈。一封写给他喜欢的亚尔雷特太太，另一封写给我。就这样，每个月我都会收到一封他写来的信。如果将它们对照，我们会很惊讶地看到男孩的字体在这一年中的变化。真是太神奇了！

我很遗憾没有成为研究笔迹的学者，因为我相信，可以从孩子在如此短的时间内改变书写形态之中，了解更多其潜意识变化的过程。这有点像是瓦沙雷利（Vasarely）①错综复杂的数理变形。虽然在结构上没有不同，但是我们可以看到笔迹的变化。字体的改变和孩子的幻想世界并行发展，也相互疗愈。

这个案主从两岁就有的哮喘症状中恢复了。在与患有严重哮喘的父亲——一个病恹恹的男人——分开后，他就恢复了健康。男孩的体质非常好，这"继承"自母亲。因为过敏症状，他

---

① 匈牙利裔法国艺术家。——译者注

从小就在图索医院接受治疗，却始终不见成效。

于是，他开始在我这儿做心理治疗。很快，治疗就牵扯到父母从未谈到的问题。之后，他要求离开家。

我和你们谈到这个男孩的笔迹，也是因为这和他申请外宿有关。他对我说："因为我不能来了，所以我想每隔十五天写信给您。""没问题！"他就这么离开了。开始时一切都进行得非常顺利。当得知他去了普通的寄宿公寓，在一所普通中学上学时，民政部门非常惶恐。他之前接受治疗的中心的社工赶紧打电话给当地同事，对他说："这孩子有严重的哮喘，一定要（因为之前只有很短暂的心理治疗）将他安置在至少有三四个心理师的特定公寓里。他必须继续做心理治疗。"[1]

我们在图索医院收到孩子三封信，这些信显示出他初期适应的困难，尤其是孩子的受虐面向重新凸显。小伙伴都取笑他。他在第二封信里写道："我快受不了了！我想留下来，但是他们实在太坏了。请帮帮我！我不知道该怎么办，我不停地发胖。"他很不开心，开始变胖。他是家里五个孩子中的长子，所以在出生后看过母亲四次变胖，而父亲却越来越瘦。我回答他说，如果不想像父亲一样瘦，也用不着像母亲怀孕时的样子。他回信说："我收到了您的来信。同学们已经不再取笑我了。我想没必要这么胖下去。我请教了医生，他让我不要再吃面包了。我现在饮食控制得很好。"

---

[1] 有些治疗过敏症的医生会建议进行心理治疗。

这对社工来说当然是个变动。我请她尽量不要将孩子所处的阿尔卑斯山村告知社保局，好让他能留在原来的住所。现在，他好不容易才适应过来。我还明确指出，他和精神分析家的移情工作正持续进行着。稍后，我们再看看这孩子能否经得起变动。

后来，事情也都非常顺利。否则，我们会看到某些状况的出现。男孩努力适应环境。因为离开，他中断了分析（进行了一学年），同时也因为离开心爱的母亲及弟弟而耗费了许多心神。他和所有的孩子一样，既认同着父亲，又认同着母亲。

在那里，他的哮喘不再发作。社工从宿舍负责人那里得知，孩子有过两三次小发作，但都很轻微，丝毫没有影响睡眠，隔天就结束了。他们在晚上多少有些担心，幸好都没有事。医生也发觉他健康了很多，已经有好几个星期都没有再发作了。

参与者：这是在放弃认同之后？

多尔多：他写信给我，说："我一定要在图索见您。"只可惜他早已决定在宿舍待两年。他在最后一封信上说想回以前的中学。他觉得自己已经痊愈，不需要再回到阿尔卑斯山。由于我清楚他的父亲，所以认为他的情况还不是很稳定。

父亲也是家中的长子，是兄弟姐妹中唯一结婚的。他的弟弟妹妹不是进了修道院，就是有身心疾病。同时，孩子是门不当户不对的婚姻的果实。母亲非常聪明，但没受过教育。她曾在丈夫的父亲——孩子祖父——的工厂做女工。她父亲受到老板信任，在厂里当门卫，全家也住在厂里。这是一个家族企业。在一次工厂举办的联欢会上，老板的儿子认识了年轻的女孩。由于老板的家紧挨着工厂，所以老板的儿子总能见到这个健康、聪明、敏感的女孩。

是母亲给我讲述了这个故事。在这之前，我只见过父亲。她对我解释了孩子们的难处。婆婆没有把她视为儿媳妇，她只不过是孩子的母亲。婆婆只见她的孙子们，除了元旦那天，她都是被摒弃在外的。这是个弥漫着礼教的资产阶级家庭。

年轻的母亲绝不是添油加醋的人。她是个聪明、有教养的天主教徒，不那么"教条"。为了嫁给老板的儿子，她应该在父母面前坚持了很久。父母对她说："难道你还不明白，那个家是容不下你的。"

她对我说："我只知道如果我不答应的话，他会死的。他太爱我了。"

父亲从来不在孩子面前提起自己的哮喘。每当哮喘发作，他就将自己关在房里。妻子进屋给他送饭时，他会躲起来。后来，他继承了父亲的事业。他是个充满干劲的男人，不过身体不佳，在儿子面前没法说些什么。相对于父亲这个羸弱的男人，这个乖巧的男孩有着与母亲一样的体质和心理状态。

我们就从和男孩的工作开始，说到他的祖母："祖母怎么样?""哦！她从不说妈妈的坏话，只不过她不要我们提起妈妈。"我们就是从这里开始的。"那外祖母呢?""哦！她非常和蔼。她总是对我说:'你父亲真是个有勇气的人，都病成那样了！'我从外祖母口中听到了父亲生病的事。"

参与者：哮喘是在他结婚后才有的吗？

多尔多：您指的是父亲的哮喘？不，不是的。从四岁起就有了。男孩是两岁开始有的，比父亲更早，不过类型完全不一样。我们怀疑这个哮喘来自孩子优越的情结。的确，对他而言，就是要认同，要像父亲一样。也就是说，是为了让祖母和他的家族认为他确实是父亲的儿子——即使他完全"继承"了母亲那一边的特点。

参与者：我们可以说这涉及理想的认同吗？

参与者（另一位）：这是性高潮。

多尔多：性高潮？我不知道。你这么认为吗？

参与者（另一位）：因为这是个能指……

多尔多：不，我认为更多的是出生与死亡的问题。这不就是在呼吸上被卡住的问题吗？他的出生是让父母的婚事不再被"教条"的祖父母拆散的最初印记。

有意思的是，母亲没有一点受虐的自卑感。当我单独见她时，她非常清晰地告诉我："您现在应该了解了这些事情。我理解这些人（她指的是夫家）。您知道，在小村子里，门第观念是很重的。他们是资产阶级，而我的父母是工人。"

"那么，您和丈夫要如何相互了解呢？"

"我们处得很融洽。"

她的丈夫没有什么文化，也十分寡言。工作就是他的全部。她则是全职主妇。她父亲在门房那儿住了很长一段时间。

丈夫在工厂上班。如果这个工厂继续经营的话，或许有一天他们会住进工厂老板的住处。如今，他们仍住在外头。她的公公婆婆十分乐意帮助儿子，只不过让门房的女儿住进家里，对他们而言是不可能的事。这是个从社会观感来看非常复杂的故事，孩子也被牵涉其中。

参与者：也就是说，孩子最好和父亲一样有哮喘？

多尔多：你认为，所谓"过敏原"并非灰尘。

参与者：不过，治疗他的中心倒是对心理治疗十分过敏。

多尔多：是的。非常奇怪的是，医护人员负面的态度往往会带来正面的效果。重要的是移情的持续。这是移情，而并非和医生真实的关系。对于这一点，我们非常清楚。是移情治愈了想象以及无意识的关系，所以他用不着换宿舍，也用不着去见一位对他的问题完全陌生的"心理工作者"。这样有什么用处呢？换宿舍只会让他和那些有问题的孩子待在一起。

最后，民政部门同意了这个安排。社工也将此事知会了中心的主治医生。当然，我们也事先考虑到，万一有什么状况，会将他安置到另一个宿舍。我们同意他和精神分析家暂时以书信交流的方式来持续治疗。

我相信隐藏的秘密一旦在话语中被发现，孩子就可以获得动力，可以以书信的方式继续治疗。从这一刻起，心理治疗可以说是多此一举，甚至会引发许多不必要的枝节。况且孩子自己并没有要求这么做。决定外宿时，他的学业正在退步。青春期与母亲家庭的认同，使他的学习一落千丈。要不像父亲那方，不是生病，就是和其他人一样毫无生气——叔伯以及姑姑们；要不就像母亲那方，停止学业。我们也探讨过这个问题：你要成为"你自己"，不是"像爸爸家的人"或"像妈妈家的人"，而是像你自己。就从这里，他说："我想去寄宿学校。"

"为何不呢？你想去哪所学校？"

"越远越好。"

"那你和母亲谈过了吗？"

"还没有。我想先问问您的意见。"

"去和你母亲谈谈吧！我是同意的。"

"好。但是我的治疗呢？"

"那么，你就写信给我吧。"

"好呀！那么我就写信给您，像这样继续下去。"

有意思的是，我之所以在这里向你们提出来，是因为有时我们不敢以这种方式进行工作。我们会认为："他应该继续治疗。"

在场有没有研究笔迹的人？有些人会在咨询笔迹专家后再来做精神分析。研究患者笔迹的改变会是非常有意思的事情。开始时，男孩的笔迹完全弯曲，就像父亲的形象，现在则流畅了许多，变得轻松舒展起来。他签名的方式也有改变。开始时，他会在名字上头画上一杠，在名字和家族姓氏上随意地画上一个缩体。随后，他只写自己的名字。最后，他能很大方地用姓名开头的字母来签名。

参与者：也许，研究结巴者的笔迹会很有意思。

多尔多：所有的书写皆是如此。这些细微动作进行着言说，特别是名字和家族姓氏的写法呈现出他对自己的认同。结巴是口腔的表现，书写则更偏向于阳具，或者是子宫—肛门。在这个孩子的案例中，字体后来的舒展、流畅就像是他终于可以呼吸了。

书写所留下的字迹也是阳具探触的隐喻。我不知道——或许值得去观察——结巴是否可以和字体一样被看到。然而，结巴不仅表现在声音上，它也是阳具隐喻的表现。如果一个人结巴，我想正是为了在性欲上有很好的表达。这就像一种补偿：为了不让某一方面被阉割而去接受另一方面。

参与者：这样的症状应该令人非常苦恼。

多尔多：是的。尤其结巴和自发性的话语联结在一起。主体在引用他人话语时，通常是不会结巴的。

参与者：歌曲呢？

多尔多：这同样表现在歌曲上。一个结巴的人在叙述马略（Marus）①的故事时并不会结巴。如果以别人的声调说话，即使在说出几个字之后就放弃了这样的声调，他也会不再结巴。

参与者：您说的这些让我有些不安。今天下午我见了一个孩子，他在对自己说故事时并不结巴，只有在和大人说话时才结巴。

多尔多：我并不讶异。

---

① 古罗马军事统帅和政治家。——译者注

参与者：但是这和您刚才说的相反。

多尔多：那是另一回事。他在对自己叙述事情时，并没有面对他人的危险，不是吗？同样，他在面具后面说话也不会结巴。这是早期在治疗结巴时，其中一个患者让我明白的：他在面具后面说话时不会结巴。在面具的后头，他可以尽情地说，不会结巴。他对我解释说，那是因为是面具在说话，而不是他！他还表演给我看。用两只手遮住脸，从指缝间看出去时，他说得很不错，至少好多了。结巴和失面子的风险相连——在一个批判角色的面前自觉羞愧。其实这来自超我。

参与者：那位爱莲·西苏（Hélène Cixous）①的剧中的演员，她在生活中会结巴。但是当在舞台上饰演精神分析家时，她完全没有结巴的问题。

多尔多：你们都知道演员罗杰·伯兰。他在私底下完全不能好好说话。但是在舞台上，他从来不结巴。

这和面子以及假设对方是吞噬者有关。口欲区的能量被让给了他人，他始终担心在性的方面遭受毁损。因此，只能通过声调来保护自己。结巴总是与性的认同相关。它可以是口腔—阳具冲动，就像肛门—阳具冲动或生殖—性冲动；只不过对主体而言，口腔—阳具冲动总是与力比多欲望被激起的问题确认有关。

孩子在触犯规则时会轻微结巴：或许是重回某个禁忌，像

---

① 法国女性主义作家、文学批评家和哲学家。——译者注

是已经断奶的他想要吸吮母乳的欲望；或许是因为被认定为取代一段在同伴中被禁止的关系。

结巴涉及他本身性欲——肛门或生殖器——上吞噬的阳具冲动。他会掩饰它。就如一个结巴的男孩所说，当想象自己是"女孩的声音"时，他就可以不再吞吞吐吐地说话了。同样，如果我们对结巴的女孩说"把声音装成男孩的声音"，她只需要把自己想象成男孩，就不会结巴了。

这非常不可思议。这是性别以及被看到的外观形象（脸部）、内在冲动的感受以及表象之间的认同出了问题。对结巴的人来说，其外表必须和性别相反，或是必须伪装自己。他将自己的身份隐藏在别人看得到和听得到的后面。我想，这得回溯到咬噬冲动、阉割焦虑，甚至俄狄浦斯三角关系的前期。

我记得有个父亲已经去世的十五六岁的结巴男孩。所有的治疗都是在对想象性父亲的残暴玩笑中进行的。父亲在他九岁或十岁时去世，不过当时他已经结巴了。在借由绘画进行治疗的过程中，他不时对我布下圈套："您绝对搞不清楚我在说什么。"他的叙述总是针对某个人，而我完全处在愚蠢的状况中，不了解他在说什么。他叙述的故事就像这样：有个间谍躲在树后，被另一个人抓到。真的非常复杂。但是，如果仔细探查，我们就会发觉这里总是涉及一个面临死亡风险的人。

在日常生活里，男孩都是以极富攻击性的玩笑来对抗师傅以及上司的。他在机械厂做过学徒，非常聪明。不幸的是，结巴的毛病使他无法升学，只能接受机械方面的培训。在他眼里，他的上司、师傅都是一些受气包。他老是这么不停地嘲笑他们。我甚至不明白他在笑什么，直到他解释说那些是文字游戏，是在用嘲讽的态度对待那些让他害怕的人。

现在，我们终于能够触及这些嘲笑，以及他需要将自己童年的叛逆隐藏在结巴后面的问题。父亲去世的打击是沉重的，因为小时候他所取笑的对象正是自己衰弱的父亲。这是些俄狄浦斯末期，八九岁时出现的攻击性冲动。在他的想象中，是这些攻击性的冲动害死了父亲。母亲说他一直是个乖巧、顺从的孩子，只不过在父母面前有些封闭。父亲想看到他更自信、更健谈。他在孩子小的时候死于癌症。大家对孩子隐瞒了真相。在移情中，我便成了"没有能力理解"他那些同音异义的假刑警。"我逮到您了！"他在每次晤谈结束前，都会发出胜利的欢呼声。接下来是一些梦。在梦中，父亲和我的形象经常互换，说明了当时在病重的父亲的屋子里，一个想要吵闹玩耍的孩子的问题所在。从父亲住院到父亲去世，这一切对幼小的他来说是那么隐秘和含糊。他的结巴问题消失了。这个十五六岁的孩子还是需要心理治疗的，母亲也能借此将自己守寡以后，从未对丈夫甚至也没能对儿子说出的感受表达出来。

Séminaire de psychanalyse d'enfants Tome 3. Inconscient et destins
Édition réalisée avec la collaboration de de Jean-François de Sauverzac
ⓒ Editions du Seuil，1988
北京市版权局著作权合同登记号：图字 01-2016-1817

图书在版编目（CIP）数据

儿童精神分析讨论班．第 3 卷／（法）弗朗索瓦兹·多尔多著；
路亚娟译．—北京：北京师范大学出版社，2022.5（2024.2 重印）
（心理学经典译丛．法国精神分析）
ISBN 978-7-303-27789-6

Ⅰ．①儿… Ⅱ．①弗… ②路… Ⅲ．①儿童－精神分析
Ⅳ．①B844.1

中国版本图书馆 CIP 数据核字（2022）第 012445 号

教材意见反馈　gaozhifk@bnupg.com　010-58805079

ERTONG JINGSHENFENXI TAOLUNBAN DISANJUAN
出版发行：北京师范大学出版社　www.bnup.com
　　　　　北京市西城区新街口外大街 12-3 号
　　　　　邮政编码：100088
印　　刷：北京盛通印刷股份有限公司
经　　销：全国新华书店
开　　本：890 mm×1240 mm　1/32
印　　张：6
字　　数：126 千字
版　　次：2022 年 5 月第 1 版
印　　次：2024 年 2 月第 2 次印刷
定　　价：58.00 元

策划编辑：周益群　　　　　　　　责任编辑：梁宏宇
美术编辑：李向昕　　　　　　　　装帧设计：李向昕
责任校对：康　悦　　　　　　　　责任印制：马　洁